·河大百年 法学论丛·

跨域环境治理中地方政府合作研究

—— 刘娟 马学礼 著 ——

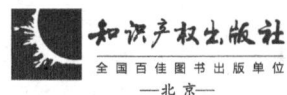

全国百佳图书出版单位
—北京—

图书在版编目（CIP）数据

跨域环境治理中地方政府合作研究 / 刘娟，马学礼著. —北京：知识产权出版社，2021.11

ISBN 978-7-5130-7716-3

Ⅰ.①跨… Ⅱ.①刘… ②马… Ⅲ.①环境综合整治—研究—中国 ②地方政府—行政管理—合作—研究—中国 Ⅳ.①X322 ②D625

中国版本图书馆 CIP 数据核字（2021）第 187173 号

内容提要

本书是典型的跨学科交叉研究。针对公共管理中较为经典的"地方政府合作问题"，本书以跨域环境治理为研究对象，从外在表征、内部机理、深层诱因三方面对地方政府合作困境进行了由表及里、由现象到本质、由个别到一般的分析。在个案选取方面，本书对京津冀大气污染治理中的地方政府合作进行个案探讨，力图呈现跨域环境治理中地方政府合作的"中国样态"。

责任编辑：韩婷婷　　　　　　　　　　责任校对：潘凤越
封面设计：乾达文化　　　　　　　　　责任印制：孙婷婷

跨域环境治理中地方政府合作研究
刘　娟　马学礼　著

出版发行：知识产权出版社有限责任公司	网　　址：http://www.ipph.cn
社　　址：北京市海淀区气象路 50 号院	邮　　编：100081
责编电话：010-82000860 转 8359	责编邮箱：176245578@qq.com
发行电话：010-82000860 转 8101/8102	发行传真：010-82000893/82005070/82000270
印　　刷：北京建宏印刷有限公司	经　　销：各大网上书店、新华书店及相关专业书店
开　　本：720mm×1000mm　1/16	印　　张：11.25
版　　次：2021 年 11 月第 1 版	印　　次：2021 年 11 月第 1 次印刷
字　　数：202 千字	定　　价：69.00 元
ISBN 978-7-5130-7716-3	

出版权专有　侵权必究
如有印装质量问题，本社负责调换。

本书是以下项目的阶段性研究成果：

河北省高等学校人文社会科学研究青年项目"京津冀大气污染精细化治理研究"（项目编号：SQ201018）

河北大学校长基金项目"利益分析视角下京津冀大气污染合作治理研究"（项目编号：2019HXZ002）

河北大学高层次人才科研启动项目"利益分析视域下跨行政区环境合作治理研究"（项目编号：521000981356）

国家社科基金青年项目"数字丝绸之路"推进中的合规风险及中国的应对研究（项目编号：20CGJ027）

河北省高等学校人文社会科学研究青年项目"雄安新区创新驱动发展中的地方政府职能研究——基于创新生态系统的视角"（项目编号：SQ181099）

"河大百年·法学论丛"编委会

编委会主任 孟庆瑜　陈玉忠
编委会成员（按姓氏笔画排序）
　　　　　　刘志松　苏永生　何秉群　宋慧献
　　　　　　周　英　郑尚元　赵树堂　袁　刚
　　　　　　甄树清　阚　珂

"河大百年·法学论丛"

总序

　　一座城池，北控三关，南达九省；一段城垣，开满热血浇灌的民族之花；一座桃园，成就千古兄弟情谊。保定曾是中国北方的一座地标城市，长期因与京津呈三足鼎立而蜚声四海，在这片人杰地灵的土地之上，有一所建校已达百年的著名高等学府——河北大学。河北大学始建于1921年，经历了天津工商大学、天津工商学院、津沽大学、天津师范学院、天津师范大学等时期，在天津办学期间，赢得了"煌煌北国望学府，巍巍工商独称尊"的美誉。学校于1960年正式定名为河北大学，1970年迁至保定市，接续发展到今天。

　　立校报国守初心，百年求实担使命。河北大学从成立之初就以科学救国为使命，在百年的接续传承中，吮吸着燕赵山川之灵气，汲取着京畿重地之底蕴，育就了"实事求是"的校训传统，"博学、求真、惟恒、创新"的校风精神。所谓大学者，非谓有大楼之谓也，有大师之谓也，在建校百年的历史中，一大批以德立身、以德立学、以德施教的学术大师在校执教，成为河大校史中闪亮的名片；满含青春的笑脸、奋力拼搏的精神、奔放且细腻的情感涌现在河大每位学子身上，掩映在河大每一座角落中，演绎着无尽的活力，百年来共有近40万名优秀学子在河大求学、努力向学、蔚为国用；不忘来时路，奋斗新百年，今天的河北大学，站在"部省合建"新平台上，全校师生齐心协力，攻坚克难，正向着一流大学的建设目标阔步前行！

　　世纪风华，法学展示，明法崇德，追求卓越。河北大学法学院的前身为创建于1980年的河北大学法律系，1981年法律系法学专业开始招收本科生，是河北省最早创办的法学专业，也是改革开放后全国第一批创办的法学专业之一。今年是河北大学法学专业创办41周年，招生40周年。

　　恰逢其时，春风拂面，何其幸也！河北大学法学专业的发展与我国的法治建设始终同向同行。自 1978 年党的十一届三中全会提出"发展社会主义民主、健全社会主义法制"以来，特别是 1997 年党的十五大提出"依法治国、建设社会主义法治国家"以来，我国的法治建设进入了快车道，河北大学法学专业的发展也进入了快车道，2000 年、2003 年、2005 年、2006 年、2007 年分别获批诉讼法学、民商法学、宪法学与行政法学、刑法学、经济法学、法学理论二级学科硕士学位授予权；2010 年获批法学一级学科硕士学位授权点；2018 年获批法学一级学科博士点；2019 年获批法学一级学科博士后科研流动站，获批国家一流本科专业建设点。

国之肱股，法界栋才！40 多年来，在"教学立院、科研兴院、人才强院、特色树院"的办学理念下，法学院师生在燕山山脉和太行山山脉合围成的千里沃野上，将自己的价值追求融入绵延不绝的燕赵文化之中，致力于京津冀区域生态环境治理、区域刑事法治与环境犯罪治理、冬奥会法治保障、公益诉讼等特色领域研究。同时，配合部省合建"燕赵文化学科群"建设，深度挖掘燕赵法治文化，产出一批高质量研究成果，生动诠释了河北大学法学院师生"立足中国特色，解决现实问题"的家国情怀，将成果产在祖国的大地上，让研究扎根在这片热土中。

今年恰逢中国共产党成立 100 周年和河北大学建校 100 周年"双重大喜"，生逢盛世，何其有幸！我们组织出版这套丛书，就是为了纪念和庆祝这一重要时刻，并希冀为我国的法治建设贡献绵薄之力！

"河大百年·法学论丛"编委会

2021 年 7 月

目录 contents

序　言 / 001
　第一节　选题缘起 / 002
　　一、问题的提出 / 002
　　二、研究的价值 / 008
　　三、研究视角的确立：利益分析 / 010
　第二节　研究综述 / 011
　　一、地方政府间关系及其治理的研究 / 011
　　二、区域环境治理的研究 / 014
　　三、区域环境治理中的地方政府合作研究 / 020
　　四、已有研究总结 / 023
　第三节　研究方法 / 024
　　一、利益分析法 / 024
　　二、成本—收益分析法 / 025
　　三、博弈论法 / 025
　　四、案例分析法 / 026
　第四节　研究思路 / 027
　第五节　创新与不足 / 029
　　一、创新之处 / 029
　　二、不足之处 / 030

第一章　基本概念、理论基础与分析框架 / 031
　第一节　概念界定 / 031
　　一、跨域环境治理 / 031
　　二、地方政府合作 / 036
　　三、利益与利益博弈 / 040
　第二节　理论基础 / 042
　　一、区域公共治理理论 / 043

二、整体性治理理论 / 044
三、集体行动理论 / 045
四、利益相关者理论 / 046
第三节　分析框架 / 048
本章小结 / 048

第二章　跨域环境治理中的合作主体与合作需求 / 051
第一节　合作发生场域：跨域环境治理 / 051
一、跨域环境污染的现状 / 051
二、跨域环境污染的治理 / 055
第二节　合作主体：跨域环境治理中的地方政府 / 056
一、地方政府行为的理性假设 / 056
二、地方政府在跨域环境治理中的利益关系 / 061
第三节　跨域环境治理中地方政府合作需求的生成 / 066
一、资源与要素的匹配：界定环境合作范围 / 066
二、对共同利益的认知：催生环境合作意愿 / 068
三、明确的收益/成本预期：引致环境合作行动 / 071
本章小结 / 072

第三章　跨域环境治理中地方政府合作困境与利益逻辑 / 074
第一节　合作困境的外在表征 / 074
一、达成合作难：议而不决 / 074
二、协议执行难：决而不行 / 076
三、执行监督难：行而不果 / 077
第二节　合作困境的内部机理：基于利益博弈的解释 / 078
一、合作困境形成的简化博弈模型 / 078
二、合作困境形成的一般博弈模型 / 079
三、博弈结果的政策含义及其拓展 / 082
第三节　合作困境的深层诱因：体制背景与利益归因 / 083
一、行政区行政：地方政府合作困境的体制背景 / 083
二、多层次利益矛盾：引发地方政府合作困境 / 087
本章小结 / 094

第四章　利益协调：跨域环境治理中地方政府合作行动的实现 / 095
第一节　合作组织：横向利益协调平台的构建 / 095
一、合作组织的类型 / 095

目　录

　　二、合作组织的构建 / 097

第二节　合作规则：横向利益协调原则的制定 / 099

　　一、跨域环境治理中地方政府间异质性 / 100

　　二、地方政府间异质性条件下成本分担的差异化 / 101

　　三、成本分担能力差异下横向利益协调原则的制定 / 103

第三节　合作机制：横向利益协调路径的优化 / 106

　　一、协商机制的完善 / 107

　　二、执行机制的健全 / 110

　　三、监督机制的改进 / 113

本章小结 / 114

第五章　个案分析：京津冀大气污染合作治理 / 116

第一节　京津冀大气污染治理的合作主体、合作需求与合作现状 / 116

　　一、京津冀大气污染治理中的合作主体及其利益关系 / 116

　　二、京津冀大气污染治理中地方政府合作需求的产生 / 118

　　三、京津冀大气污染联防联控政策及其成效 / 121

第二节　京津冀大气污染合作治理的困境及其利益成因 / 124

　　一、京津冀大气污染联防联控的困境 / 124

　　二、合作困境的深层成因：利益矛盾与冲突 / 128

第三节　利益协调与京津冀大气污染合作治理的优化 / 133

　　一、合作组织的优化：从"压力型合作"到"自主型合作" / 133

　　二、合作规则的完善：强调共同治理，明确责任分担 / 136

　　三、合作机制的改进：健全已有机制，强化自主合作 / 138

第四节　纵向嵌入式治理：京津冀大气污染合作治理的有益补充 / 142

　　一、纵向嵌入式治理概念及必要性 / 142

　　二、纵向嵌入式治理的政策工具类型 / 144

　　三、京津冀大气污染纵向嵌入式治理的政策工具选择 / 146

　　四、攻坚行动的效果及评价 / 152

本章小结 / 153

结　论 / 155

第一节　研究发现 / 155

第二节　未来研究展望 / 156

参考文献 / 158

序　言

当下我国正处于经济社会的转型之中，资源的高度流动性是其主要特征，这导致越来越多的公共问题跨越了部门、政府甚至区域的界限而演变为全国乃至全球性公共问题。在诸多跨域性公共问题中，跨域环境问题以其影响范围广、民众风险认知程度高而受到越来越多的关注。在京津冀、长三角、珠三角等较为发达的城市群，跨域环境污染日益明显且呈蔓延之势，对我国区域经济社会的可持续发展形成了严重制约。当前，无论是在学理层面还是在实践改革进程中，各级政府都就跨域环境治理达成了共识：打破属地化治理模式，走向合作治理。就合作主体而言，尽管社会力量在跨界公共问题治理中的参与感越来越强，但是环境的公共性及外部性决定了社会力量只能起到辅助而非主导作用，以政府为主导的治理主体结构短期内不会改变；而中央政府和共同的上级政府尽管可以运用权威直接管理，但所需成本高昂，因此，地方政府间合作仍是跨域公共问题的主要应对之策。在跨域环境合作治理研究中，涉及利益问题的研究并不多，利益关系是地方政府间关系中最本质的问题，跨域环境治理中地方政府合作困境产生的根源在于横向利益矛盾，破解困境的关键在于横向利益协调。跨域环境合作治理中的横向利益矛盾表现在哪些方面？这些利益矛盾又是如何展开并导致地方政府合作困境的？如何通过横向利益协调来实现跨域环境治理中的地方政府合作？本书基于利益视角对以上问题展开了探讨。

本书依循以下思路撰写：首先通过确认合作发生场域、合作主体及合作需求，说明地方政府间具有现实的合作需求与理论上合作的可能性；其次，分析即使存在理论上合作的可能性与现实中的合作需求，合作行动也未必产生或得到有效维系，作为理性经济人的地方政府还会从个体利益出发进行策略上的成本收益权衡，策略抉择的变数决定了合作过程中困境发生的可能性，并探究困境形成的内部机理及深层逻辑；再次，指出实现跨域环境治理中地方政府合作的关键在于横向地方间利益关系的协调，并从横向利益协调平台的构建、横向利益协调原则的制定及横向利益协调路径的优化三个方面进行阐述;最后,以京津冀大气污染治理为案例,对地方政府间合作的利益分析框架进行了检验,提出京津冀大气污染合作治理模式需要从非常态的、被动式的"压力型合作"走向常态化的、主动性的"自主型合作",而转变的关键在于建立起常态化与规范化的横向利益协调机制。

第一节 选题缘起

一、问题的提出

(一)跨域生态环境问题凸显

从纵向的历史维度来看,在不同的文明形态下,人类与自然的关系依次经历了三种变革,分别是农业文明时代的相对和谐状态、工业文明时代的矛盾冲突状态及生态文明时代的再调和。❶ 当前,人类文明正处于从工业文明向生态文明的过渡阶段;在工业文明时代,人类一方面创造了巨大的物质财富,推动人类社会的发展和进步,另一方面导致了人与自然关系的严重恶化,生态问题成为当前全球所面临的最严重公共议题之一:臭氧层破坏、全球气候变暖、流域污染、土壤污染、荒漠化、生物多样性锐减等现实性的生态灾难,不仅造成了巨大的经济损失,而且越来越威胁着人类的生存和发展,因而对人类的生产、生活及社会进步产生了巨大的负面影响。这一切无不警示着人们——生态环境治理刻不容缓!"生存还是死亡?"这个关系到人类生存与繁衍的根本问题,正考验着工业时代人类的智慧。

改革开放以来,我国经济实现了迅猛发展,工业化水平不断提高,城市化步伐也大步前行,但是粗放型的经济增长方式也让我们付出了惨痛的环境代价,引发了严重的生态环境问题,而且这些问题是在很短的时间内集中暴露出来的:大气污染、水质型缺水、土壤污染、光化学污染、沙尘暴等一系列环境问题愈演愈烈,不仅损害了人们的身体健康,也阻碍了城市的可持续发展,甚至连乡村都受到了水体污染、土壤污染、固体废弃物等环境问题的侵蚀,甚至危及我国的粮食安全。因此,无论从哪个意义上讲,生态环境治理都攸关我国的生存与可持续发展,生态安全关系到我国的终极国家安全。

---

❶ 施从美,沈承诚. 区域生态治理中的府际关系研究[M]. 广州:广东人民出版社,2011:3-4.

序　言

人们开始意识到，生态环境问题不仅是一个技术性问题，更是一个政治问题、经济问题、文化问题，乃至安全问题，政府需要切实担当起生态治理的责任。中国共产党早在十六届三中全会上就提出了要实现经济、社会与生态全面和谐发展的目标，其后在党的十七大报告中首次提出牢固树立生态文明观、建设生态文明，党的十八大正式将"美丽中国"的生态文明建设目标写进了政治报告，而党的十九大更是将生态文明建设的国家定位从"关系人民福祉、关乎民族未来的长远大计"上升到"中华民族永续发展的千年大计"❶。生态文明建设理念是我国政府生态责任的重要指导思想，在这一思想的指导下，我国政府努力吸取发达国家"先污染后治理"的教训，很早就开始注重保护生态环境，对环境问题的认知也不断深化，但2018年全球环境绩效排名显示，我国空气质量在180个国家和地区中位列177名，仅仅超过了印度、孟加拉国和尼泊尔，PM2.5、PM10浓度与国际标准相差甚远，生态环境部印发的《2017中国生态环境状况公报》显示，"2017年全国338个地级以上城市有239个城市环境空气质量超标，占比70.7%。"❷ 这些都表明，我国以"美丽中国"为目标的生态文明建设任重而道远。

作为一种公共产品，人们在享受良好环境带来的福利的同时，一部分人的环境损害行为也给他人造成了损失。我国实行行政区沿革制度，根据地理条件人为将土地划分为不同的行政区域，而生态环境的整体性决定了生态问题不以人为的行政区划为界限，生态问题的扩散造成了跨域环境问题。随着区域经济一体化程度的加强，跨域环境问题逐渐凸显。❸ 近年来，京津冀大气污染、江浙边界水污染、豫鄂交界地区水污染、太湖流域水污染、苏北鲁南水污染、湘黔渝交界"锰三角"污染等区域性污染事件频发（见表0.1）。从环境科学的角度而言，区域内各行政区间的生态环境彼此嵌入融合，成为一个不可分割的整体，这种区域内生态具有典型的共进退特征，即"一荣俱荣、一损俱损"。大气、水等生态资源具有很强的流动性，沿海地区废气的超标排放会导致内陆地区发生酸雨，江河上游企业的工业污水排放造成下游居民的渔业受损及饮用水危机。人与自然的关系不会因为人为的部门、行政区划及

---

❶ 张应杭. 十九大报告有关生态文明建设论述十大新亮点［EB/OL］.（2017-12-9）［2019-11-5］http://www.360doc.com/content/17/1209/15/44459712_711549389.shtml.

❷ 财新网. 2018全球环境绩效：中国空气质量倒数第四［EB/OL］.（2018-4-10）［2019-11-5］http://datanews.caixin.com/2018-04-10/101232443.html.

❸ 《2016中国环境状况公报》显示，从各流域水质来看，黄河、淮河、辽河、松花江流域均有轻度污染，海河流域水质污染较严重。http://www.cankaoxiaoxi.com/china/20170606/2086057.shtml.

国界的划定而被人为割裂❶，局部性污染仍会打破人为划定的界限而扩散至全局，演变为跨部门、跨域乃至全球性的生态危机。因此，跨域环境问题的治理不能仅靠一个地区或一个部门，而是需要行政区之间、部门之间乃至国家整体的通力协作方能实现。

表 0.1　跨域环境污染的典型事件

时间	跨域污染事件概述
2004 年 2 月底和 3 月初	四川第二化肥厂超标排放高浓度氨氮废水至沱江支流毗河，致使沱江水质变臭，氨氮超标 50 倍之高，致使多达 50 万千克鱼死亡，直接经济损失直逼 3 亿元人民币。另外，沱江附近百万群众被迫停水 4 周，据估计，由此引发的沱江生态破坏需要至少 5 年的时间来恢复
2005 年 1 月	重庆綦江水污染事件。綦江上游的重庆华强化肥有限公司超标向綦江排放工业废水，附近水厂被迫停止供水，沿线 3 万居民断水 2 天，綦江齿轮厂也因此暂停生产
2005 年 11 月	松花江重大水污染事件。中石油吉林石化公司双苯厂苯胺车间爆炸事件导致车间约 100 吨苯、苯胺和硝基苯等有机污染物流入松花江，导致江水受到严重污染，松花江沿岸百万居民生活受到波及，松原市和哈尔滨市先后多日停水，松花江污染甚至波及俄罗斯境内，引发严重的国际负面影响
2006 年 11 月	四川泸州川南电厂工程施工单位在污水设施尚未建成的情况下私自进行燃油系统的安装与调试，最终引发柴油泄漏事故，泄漏的柴油混入冷却水管道，最终造成排入长江的柴油高达 16.945 吨。事故引发泸州市区大面积停水，污染进入重庆境内引发跨域污染
2007 年 7 月	江苏沭阳水污染事件。上游山东境内化工企业排污造成江苏淮沭河的自来水厂取水口受到大量污水的入侵，水质恶化，氨氮含量达到每升 28 毫克，远超国家取水口水质标准，导致沭阳县城区被迫停止供水，20 万居民用水受到影响，沭阳县停水时长达 40 多个小时
2009 年 8 月	湖北黄梅县辖区内企业排放的工业污水导致安徽省宿松县龙湖内的鱼大面积死亡
2010 年 7 月	大连新港原油泄漏事件。大连新港一艘利比里亚籍 30 万吨级的油轮在作业时，不慎造成陆地输油管线爆炸，爆炸引起 5 个体积达 10 万立方米的油罐泄漏。据评估，此次原油泄漏事故造成附近至少 50 平方千米的海域受到污染

---

❶　汪劲．环境法学 [M]．北京：北京大学出版社，2006：181．

续表

时间	跨域污染事件概述
2012年1月	广西河池市某材料厂非法排放工业污水导致广西龙江河发生严重镉污染，水中镉含量达20吨，污染顺江而下造成跨域污染，受污染河段长达300千米，对下游的柳州市300多万市民生活造成了负面影响
2013年1月	雾霾天气持续笼罩全国30个省（市），我国最大的500个城市中，能够达到世界卫生组织规定的空气质量标准的比例不到1%
2015年11月	甘肃某公司尾矿库中尾砂泄漏，引发嘉陵江及其一级支流西汉水河段长达数百公里的锑浓度超标。由于西汉水流经甘肃多个县城，最后经过陕西略阳注入位于四川广元嘉陵江河段，因此，引发了严重跨域污染，嘉陵江上游水中锑浓度超标造成四川广元市民饮用水紧张

资料来源：作者根据相关新闻总结制成。

（二）跨域生态环境治理的失范

1. 传统的"行政区行政"治理模式

从不同的角度划分，区域可以分为不同的类型，一般指的是自然地理区域、经济区域、政治区域和行政区域等，而行政区行政中的区域则是指行政区域。各国根据地理条件、历史沿革等多种因素，将国土划分为不同的行政区域，所谓"行政区行政"，指的就是主权国家内部的各个地方政府在行政区域的刚性约束下对社会公共事务进行管理，这样一种切割、闭合与有界状态下形成的政府治理形态即是行政区行政。[1] 行政区行政模式具有如下特征：

首先，从政府治理的历史背景来看，作为封闭社会与自发秩序的产物，行政区行政模式适应了农业文明与工业文明的基本要求。从历史维度看，行政区行政产生于以自给自足为特征的小农生产基础之上，是专制政府时代下的产物。同样，行政区行政也契合了强调封闭与等级模式的"科层制"结构，在科层制模式下，行政区行政的封闭性与机械性更是发挥到了极致。

其次，从政府治理的价值导向来看，行政区行政以明确的单位行政区界限为社会公共事务管理的出发点，传统政府所面临的仅是行政区内部的公共事务，其价值诉求也仅仅以本辖区利益为主，这种模式又被称为"闭合型行政"或"内向型行政"，从根本上讲是一种"画地为牢""各自为政"的模式，对于行政区划外或跨域的公共问题则很少关注。

---

[1] 杨爱平，陈瑞莲. 从"行政区行政"到"区域公共管理"——政府治理形态嬗变的一种比较分析 [J]. 江西社会科学，2004（11）：24-25.

再次，就社会公共事务的治理主体而言，作为一种垄断型行政模式，行政区行政模式将政府视为管理国家与行政区内部公共事务的唯一主体，政府是万能和全能的，能够及时预见和处理所有类型的公共问题，制定并监督公共政策的执行，包办行政区内部大小公共事务。

又次，从公权力运行向度看，行政区行政模式强调公权力运行的单向性与闭合性。按照"科层制"的层级设置，政府公权力在行政区内部是自上而下运作的，于是便形成以政府为单一权威中心的"金字塔"结构，而我国作为中央集权的单一制国家，下级服从上级、地方服从中央更是基本政治原则，由此，纵向上的权力控制大于横向权力的互动。

最后，从公共事务的治理机制上看，与科层官僚制契合的行政区行政对于市场、多中心治理及伙伴关系等治理机制是排斥的，因为在行政区行政模式下，政府内部的权力等级森严，管理层次与管理幅度僵化，这种官僚体制挤压了其他社会主体的生存空间，公共事务的治理主体是且仅是政府。

如图0.1所示，地方政府A与地方政府B在各自的行政区域内独立行使行政权力，处理各自辖区内的公共问题，这是因为传统公共行政下的公共事务比较简单，各行政区政府只需要在各自行政区内借助官僚体制解决即可，不涉及跨域公共问题，因此这种情形下行政区行政模式是有效且可行的，但对于行政区域之外的跨域性公共事务的治理，行政区行政模式则显得无能为力。

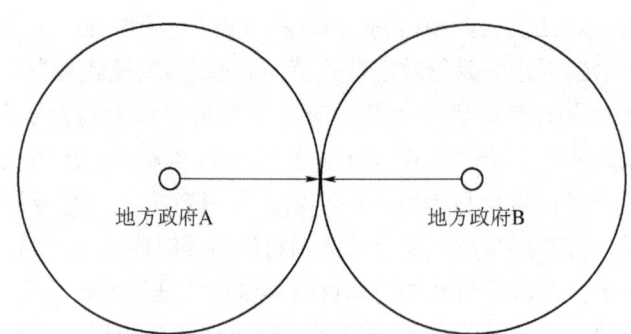

图0.1　地方政府的行政区行政模式图解

2. 跨域环境问题的治理困境

21世纪以来，随着全球化背景下经济发展与社会资源的流动，区域一体化程度得到了极大提高，新区域主义理念崛起，与此同时，随着区域合作的推进，区域公共问题日益凸显，行政区划内大量公共问题"外溢化"，逐渐超出单个行政区的管辖范围，如跨域环境保护问题、流域治理问题、人口与资源问题、基础设施建设问题等，大量涌现的区域公共问题对传统的基于行政区划刚性约束的行政区行政模式提出了挑战。

如图 0.2 所示，在地方政府 A 的行政区与地方政府 B 的行政区之间存在着一个交叉区域，它代表的是地方政府 A 和地方政府 B 共同面临的公共问题，如跨域环境问题。如果此时地方政府 A 或地方政府 B 单独进行治理，则二者出于成本与收益的考量，对跨域环境问题会采取"搭便车"的机会主义行为，跨域环境治理将无法实现。区域环境作为一个整体性生态系统，其自然属性决定了其无法进行切割管理，而当前的行政区行政模式与复杂社会下的跨域公共问题发生了逻辑错配。具体来说：

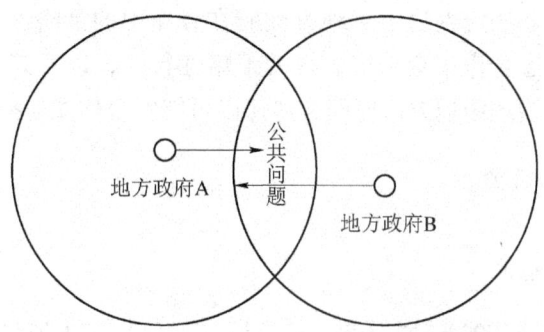

图 0.2　区域公共问题对行政区行政模式的挑战

首先，在政府治理的价值导向上，行政区行政模式将各行政区之间的共同利益进行了切割，造成区域利益碎片化，地方政府以本辖区的利益为主要价值诉求，缺乏对区域公共事务的整体性安排。

其次，在治理主体上，行政区行政模式排斥其他社会主体的参与，"全能式"的政府无法克服政府本身存在的失灵问题，垄断式的治理对于跨域公共治理是无效的。

最后，在公共权力的运行向度上，行政区行政模式片面追求纵向上的权力控制，而不注重横向权力间的互动与协作，无法有效地应对跨域生态危机。

显然，图 0.2 所示的跨域公共问题无法靠单一地方政府解决，一般讲大致有三种解决办法，其一是在地方政府 A 与地方政府 B 的交叉区域建立一个新的地方政府，但是随着区域一体化程度的加深，行政区建制将会愈加复杂，不利于国家治理；其二是合并地方政府 A 与地方政府 B，使跨域公共问题变为行政区行政问题，但是对现行行政区划的调整是一项非常复杂的工程，涉及政治、经济、文化等各个方面，其所耗费的成本要远远超过解决问题本身所产生的成本，因此对于行政区划的调整要慎之又慎；其三是通过各行政区地方政府间的合作来实现跨域公共问题的治理，我国横向地方政府间关系的非法定性一方面为地方政府间合作提供了充分的施展空间，另一方面也为合作过程中的博弈行为创造了条件。

频繁发生的跨域环境污染事件为什么总是得不到有效解决？人类究竟如何走出跨域公共问题治理的"霍布斯状态"？既然区域间政府合作是跨域公共问题得以解决的最理性的方法，那么跨域环境治理中地方政府合作的发展历程是怎样的？跨域环境治理中地方政府合作的现状如何？进一步讲，既然从理论上看地方政府间合作能够实现资源整合，那么为何跨域环境治理实践中地方政府合作意愿却不足？地方政府参与横向府际合作背后的真正动因是什么？横向关系的非法定性决定了地方政府在合作中的策略性行为空间，那么地方政府间在动态合作中会采取怎样的策略性行为，以及其背后的运作机制如何？跨域环境治理中地方政府间合作何以可能？合作如何持续？

二、研究的价值

（一）理论意义

诚如陈瑞莲（2003）、施从美、沈承诚（2011）等人所说："国内自改革开放以来的公共行政学研究事实上是'政府管理研究'，其关注的焦点是政府职能、政府组织、政府人事、政府决策、政府效率、政府监督等静态的、制度上的'内向型行政内容'，少有问津动态的突破行政区划、一体化空间上的区域公共管理问题"；而区域生态治理的流域性、复杂性、外部性等特征，更需要占据主导地位的地方政府在环境治理过程中的相互通力合作，需要区域行政一体化，但目前国内关于此领域的理论和方法，特别是区域生态环境治理中地方政府间关系的地位、角色和作用等的研究才刚刚起步，尚不足以对区域生态环境治理发挥有力的指导作用。❶ 实际上，国内绝大多数有关区域一体化的研究，都是以政治学为视角，着眼于中央政府与地方政府的制度安排与权限划分，其中尤以中央地方间的纵向关系研究居多，而平级或没有隶属关系的横向政府间关系论及较少。❷ 但随着各地经济发展速度的加快，区域生态问题日趋严重，加强地方政府间的横向合作至关重要。

基于此，本书的研究立足于区域生态环境合作治理中的地方政府关系，

---

❶ 陈瑞莲. 论区域公共管理研究的缘起与发展 [J]. 政治学研究, 2003 (4): 75-84; 施从美, 沈承诚. 区域生态治理中的府际关系研究 [M]. 广州: 广东人民出版社, 2011: 17-18.

❷ 施从美, 沈承诚. 区域生态治理中的府际关系研究 [M]. 广州: 广东人民出版社, 2011: 18.

并着眼于地方政府之间的利益关系，其原因在于：横向地方政府间关系的非法定性决定了权力并不是制约横向府际关系发展的关键，利益才是地方政府在横向府际关系中行为选择的根本动因。因此，本书聚焦于现实社会问题，以跨域环境问题为研究范畴，以利益分析为研究视角，综合运用区域公共治理理论、集体行动理论、利益博弈理论等多种理论方法，搭建起了跨域环境治理的利益博弈与协调分析框架，并通过京津冀大气污染治理这一典型案例进行验证，对地方政府间非合作行为背后的利益博弈与冲突进行了深入剖析，提出跨域环境治理中利益协调机制的构建路径，充实了地方政府在跨域公共事务中的治理逻辑。

本书还可以丰富区域公共治理理论的相关内容。随着我国城市化进程的加快，大都市区、城市群逐步形成，区域经济联系日益紧密，对区域公共问题治理的研究逐渐兴起和完善，但在我国当前的区域公共问题治理研究中，大多是零散单一的问题式研究，缺少一个较具有普遍意义的分析框架，本书致力于探索以利益分析为起点，以跨域环境治理为分析对象，以利益博弈为分析方法，以利益协调为解决方法的层层递进的分析框架，对跨域环境治理中的困境及其破解进行利益视角的解剖，能够深刻揭示出区域公共治理的普遍规律，对于丰富和完善区域公共治理理论具有一定的理论意义。

（二）现实意义

党的十九大报告中提出"建设生态文明是中华民族永续发展的千年大计"，要牢固树立社会主义生态文明观，推动形成人与自然和谐发展的新局面。❶ 由此可以看出，党的十九大报告已经将建设美丽中国作为全面建设社会主义现代化强国的重大目标，并把生态文明建设和生态环境保护提升到前所未有的战略高度，集中体现了新时代我国生态文明建设重要战略思想；与此同时，推动区域协调发展、加快改善生态环境是"十三五"规划的重要内容。应该承认的是，近些年来，我国各级政府对生态环境保护认识逐渐加深、保护力度逐渐加大、举措逐渐落实、推进速度逐渐加快、成效逐渐变好。目前我国对环境保护思想认识程度之深前所未有、污染治理力度之大前所未有、制度出台频度之密前所未有、监管执法尺度之严前所未有、环境改善速度之快前所未有；但是，如前所述，我国仍然面临着巨大的生态环境问题挑战，特别是跨域生态环境问题仍然未得到彻底解决，横向地方政府在区域环境治

---

❶ 光明网. 十九大报告中有关生态文明的十大关键词［EB/OL］.（2017-10-20）［2020-11-05］. http://news.china.com.cn/live/2017-10/20/content_38826054.html.

理合作过程中出现了大量的沟通不畅、权责不清、互相推诿等问题。

面对跨域生态环境治理低效乃至无效的状况，本书以跨域环境治理为切入点，对不同省份的地方政府间如何开展合作及合作中出现的利益博弈进行了分析，对于有效解决跨域环境问题、提高区域生态治理能力、实现区域协调发展、形成人与自然和谐发展具有重要意义，同时也可以为地方政府间在政治、经济、文化与社会等各个领域形成更加紧密的互动与合作关系提供政策指导，有利于优化地区资源的配置，推动整个国民经济持续健康发展。

三、研究视角的确立：利益分析

地方政府合作治理跨域环境问题的过程实际上是区域环境政策的制定与执行过程，公共政策是地方政府间进行跨域环境合作治理的基本手段。作为对社会利益进行权威性分配的公共政策，其核心要素是利益，就整个公共政策过程而言，从政策问题的构建、方案的制定、内容的实施到政策效果的评价，利益矛盾贯穿政策过程的始终。跨域环境治理中包含了多元的利益主体及复杂的利益关系，对各利益主体间的利益进行平衡与协调至关重要，公共政策制定与执行的过程实际上就是对多元主体间利益进行"选择、综合、分配与落实"❶的过程。因此，利益分析是公共政策研究中极为重要的视角，在地方政府合作治理跨域环境问题的研究中，以利益分析为视角有着深刻的理论基础与现实意义。

跨域环境治理中地方政府合作的过程是一个多元利益主体与利益关系间综合较量的过程。❷从公共政策过程来看，在地方政府合作议题构建、合作方案制定、协议内容执行、合作效果评价的全过程中，始终贯穿着利益矛盾与利益协调；❸从公共政策分析方法论来看，无论是回答地方政府合作"是什么"（事实分析）、"为了谁"（价值分析）、"应该是什么"（规范分析），还是回答地方政府合作"是否行得通"（可行性分析），都离不开利益分析。❹

运用利益分析方法剖析地方政府合作，首先需要从利益角度解释地方政府的个体选择，即作为理性行为体的地方政府只有在有明确的成本收益预期之下才会选择合作行动；其次需要从利益角度解释地方政府的策略互动，跨域环境治理中地方政府的策略选择离不开与其他地方政府间的策略

---

❶ 陈庆云．公共政策分析［M］．2版．北京：北京大学出版社，2011：5-6.
❷ 谢炜．中国公共政策执行过程中的利益博弈研究［M］．上海：学林出版社，2009：2-3.
❸ 陈庆云．公共政策分析［M］．2版．北京：北京大学出版社，2011：6-11.
❹ 陈庆云．公共政策分析［M］．2版．北京：北京大学出版社，2011：250-252.

互动，从利益博弈角度看，这种策略互动实际上是作为博弈局中人的地方政府间围绕跨域环境合作治理而展开的策略博弈；最后从利益角度看，跨域环境合作治理实际上就是对多元主体间利益矛盾进行平衡与协调的过程。

归根结底，跨域环境合作治理是地方政府之间基于利益得失考量而进行的利益博弈进程，利益矛盾与冲突贯穿这一进程的始终，只有对各利益主体间利益矛盾进行有效的平衡与协调，才能最终实现跨域环境治理中的地方政府合作。不了解利益得失考量与地方政府行为之间的关系、利益博弈与地方政府间合作之间的关系、利益协调与地方政府合作实现的关系，就无法深刻理解跨域环境中地方政府合作需求产生的内在逻辑，也无法深刻理解地方政府合作困境生成的深层诱因，更无法深刻掌握地方政府合作行动有效展开并得以维系的内部条件。

第二节 研究综述

围绕跨域环境治理中的地方政府合作研究，包含相互联系且具有递进关系的三个方面：其一，地方政府间横向关系的研究，即把地方政府合作视为嵌入在地方政府间横向关系的演变及治理之中的过程；其二，区域环境治理的研究，跨域环境治理是区域环境治理的重要内容，这是最常见的分析范式；其三，区域环境治理中的地方政府合作研究，此为上述两个方面的综合，这方面的研究有多种视角。其中，利益博弈视角的研究是地方政府环境合作研究的重要组成部分，也是与本书研究最直接相关的部分。

一、地方政府间关系及其治理的研究

（一）横向地方政府间关系研究

从国外研究来看，20世纪80年代以前，西方学界对政府间关系的研究主要聚焦在央地关系上；80年代以后，伴随着西方国家政府间关系实践的新进展，对政府间关系的研究逐渐趋于系统化，其中一个重要的新动向就是政府间管辖权的界限在逐渐模糊，地方政府间横向交流与协商增多，有学者（汪伟全，2005）将其称为府际管理❶，并把西方政府间关系的发展概括为联邦主

---

❶ 汪伟全. 论府际管理：兴起及其内容[J]. 南京社会科学, 2005 (9): 62-67.

义、府际关系与府际管理三个阶段。

从我国研究来看,在计划经济体制下,国内对府际关系的研究主要集中在中央与地方政府之间的关系层面,受命令—控制式的央地治理模式影响,地方政府严格按照中央的指令行事,横向地方政府间联系较少,阻隔较大;改革开放后,伴随着分权化与市场化进程的推进,府际关系面临着从服务于计划经济向服务于市场经济的目标转变。在此背景下,府际关系逐渐由单一性走向多样性,横向政府间关系得到发展并进入多个学科研究的视野,构建良性运行的横向地方政府间关系成为学术界的研究热点。

对于横向府际关系的研究,学者林尚立(1998)❶提出:横向地方政府间关系主要具有经济意义,这与市场经济的产生与发展密不可分。在我国确立市场经济模式的改革方向之后,地方政府间经济联系日益增多,原来的行政区经济逐渐向区域经济一体化趋势转变。需要指出的是,地方间横向经济联系增多并不总意味着合作,在相当长一段时间内,我国地方政府间经济关系以竞争为主,合作甚少,但仍有少数学者对地方政府合作进行了研究,最具代表性的有彭彦强等(2009)❷,他认为地方政府间合作是实现区域经济一体化的重要途径之一,合作的具体手段是通过行政权的横向协调来改变原有的地方政府间行政权力的绝对分割状态。进入21世纪以来,随着区域一体化进程的加快,区域公共问题如环境问题、安全问题、基础设施建设问题等层出不穷,客观上要求地方政府进行合作,于是地方政府合作的研究逐渐兴起,陈瑞莲等(2004)❸指出了区域公共问题的兴起催生出了区域公共管理这一新的治理制度,区域公共管理强调地方政府间形成跨域的管理共同体,以对区域公共事务进行治理,倡导包括地方政府在内的多元主体合作;张紧跟、唐玉亮(2007)❹以小东江流域治理为案例说明了区域公共事务管理的必要性,指出对跨域河流污染有效治理的必然选择是地方政府间进行环境合作。

---

❶ 林尚立. 国内政府间关系 [M]. 杭州:浙江人民出版社, 1998: 22-24.

❷ 杨龙,彭彦强. 理解中国地方政府合作——行政管辖权让渡的视角 [J]. 政治学研究, 2009 (4): 61-66.

❸ 杨爱平,陈瑞莲. 从"行政区行政"到"区域公共管理"——政府治理形态嬗变的一种比较分析 [J]. 江西社会科学, 2004 (11): 23-31.

❹ 张紧跟,唐玉亮. 流域治理中的政府间环境协作机制研究——以小东江治理为例 [J]. 公共管理学报, 2007, 4 (3): 50-56.

(二) 地方政府间关系治理研究

有关于地方政府间关系的治理方面，杨小云（2005）[1]、刘祖云（2007）[2]等认为，省际政府间关系是我国地方政府间关系的核心与中轴，前者认为省际政府间关系的协调包括自发协调与中央政府的宏观协调，而对于省际政府间关系的规范与约束离不开激励约束、沟通协商、利益协调、规则仲裁等长效机制的建立；后者认为应对地方政府间横向关系进行重塑，随着跨界公共议题的增多，单一地方政府往往无法单独治理，对利益相关者间协作机制进行完善对于区域公共治理至关重要。

有关于如何协调横向地方政府间关系，汪伟全（2010）[3]认为，信任机制与利益协调机制的构建、多中心网络治理模式的发展是未来地方政府间合作发展的新趋势；康丽丽（2007）[4]以地方政府间争议的增多为切入点，并以"法约尔桥"及交易费用为理论依据，提出制度创新及良好制度环境的创造，设立横向地方政府间协调机构及多元化治理机制的构建等横向地方政府间关系协调措施；马学广等（2008）[5]从调整手段为落脚点，认为我国地方政府治理方式需要实现从行政分权向跨域治理的转变，而跨域治理的实现离不开对地方政府间横向关系的调整，地方间横向关系调整的手段包括行政化与市场化手段，综合运用这几种手段，以实现竞争型政府向合作型政府的转变；蔡岚（2010）[6]从具体案例出发，以长株潭公交一体化为案例对地方政府合作困境进行了分析，并提出缓解地方政府间合作困境的合作治理框架，其中地方政府间合作的一个重要突破点在于合作治理平台的构建。

此外，来自上级权威的支持、合作组织的建立及多元化的参与者对于地方政府间合作也非常重要。刘亚平、刘琳琳（2010）[7]提出三阶段式地方政府合作的策略模式，地方政府间横向合作的实现途径包括地方政府间沟通协调机制的建立、信息共享平台的建立及利益补偿机制的构建，中央政府的协

---

[1] 杨小云，张浩. 省级政府间关系规范化研究[J]. 政治学研究，2005（4）：50-57.
[2] 刘祖云. 政府间关系：合作博弈与府际治理[J]. 学海，2007（1）：79-87.
[3] 汪伟全. 利益共享：区域合作的永恒主题[C]//中国行政管理学会. 中国行政管理学会会暨"政府管理创新"研讨会论文集. 2010：162-169.
[4] 康丽丽. 对地方政府间横向关系协调机制的探析[J]. 行政论坛，2007（5）：28-30.
[5] 马学广，王爱民，闫小培. 从行政分权到跨域治理：我国地方政府治理方式变革研究[J]. 地理与地理信息科学，2008，24（1）：53-55.
[6] 蔡岚. 缓解地方政府合作困境的合作治理框架构想——以长株潭公交一体化为例[J]. 公共管理学报，2010，07（4）：31-38.
[7] 刘亚平，刘琳琳. 中国区域政府合作的困境与展望[J]. 学术研究，2010（12）：38-40.

调与支持对于区域政府合作也必不可少。

总体来看，地方政府合作的实现离不开地方政府横向关系的协调与治理，而这种协调与治理包括两个方面——地方政府间的自发协调与上级政府的支持。在地方政府间的自发协调方面，沟通协商、信息共享、利益协调与利益补偿机制的构建与横向协调机构的建立是对地方政府间关系进行自发协调的主要途径；在上级政府的支持方面，良好的制度环境与激励约束机制形成地方政府合作的制度约束，上级政府还可以牵头成立合作组织以实现对合作的组织领导。

二、区域环境治理的研究

（一）区域环境治理困境的产生

有关区域环境治理困境产生的原因，以陈瑞莲为首的中山大学研究团队、以杨龙为首的南开大学研究团队和以金太军为代表的苏州大学研究团队普遍认为传统的行政区行政与区域环境问题跨域治理要求的矛盾是根源。具体来说，谢宝剑、陈瑞莲（2014）[1]认为传统的行政区治理机制是京津冀地区大气污染的制度性根源，区域发展失衡下差异化的发展方式、各自为政的治理机制以及府际主导的松散合作治理模式是区域生态治理的固有缺陷；张紧跟、唐玉亮（2007）[2]认为传统的以地域为边界的管理方式在跨区域河流污染问题上捉襟见肘；南开大学的杨龙教授及其学生彭彦强（2009[3]，2013）[4]也持类似观点，他们认为跨界公共问题的治理困境在于行政区划的刚性约束与地方政府竞争双重作用下区域管辖权的缺失及地方政府权力的滥用；苏州大学金太军等（2011）[5]认为局域生态问题因无法得到精准治理而产生的"脱域"现象使得局部生态问题演化为脱域生态危机，这超出了行政区政府的生态治理意愿与能力；还有部分学者认为区域环境问题得不到有效治理在于政府间

---

[1] 谢宝剑，陈瑞莲. 国家治理视野下的大气污染区域联动防治体系研究——以京津冀为例 [J]. 中国行政管理，2014（9）：6-7.

[2] 张紧跟，唐玉亮. 流域治理中的政府间环境协作机制研究——以小东江治理为例 [J]. 公共管理学报，2007（7）：50-51.

[3] 杨龙，彭彦强. 理解中国地方政府合作——行政管辖权让渡的视角 [J]. 政治学研究，2009（4）：61-62.

[4] 彭彦强. 论区域地方政府合作中的行政权横向协调 [J]. 政治学研究，2013（4）：40-41.

[5] 金太军，唐玉青. 区域生态府际合作治理困境及其消解 [J]. 南京师大学报（社会科学版），2011（9）：17-18.

协作关系没有理顺，如王佃利、任宇波（2009）[1]认为，我国区域公共物品供给不足、供给过量并存的原因在于政府间合作机制的不足与缺失；张文江（2011）[2]认为，跨域治理的实现离不开横向、纵向、斜向三种府际关系的理顺。持类似观点的还有周浩、吕丹（2014）[3]，他们以跨界水环境治理为例，指出地方政府在跨界流域治理过程中陷入困境的原因在于政府间协作关系问题；此外，还有部分学者从利益协调、演化博弈等视角对区域环境问题进行了探索，如汪伟全（2016）[4]以空气污染的跨域治理为例，认为当前我国的空气污染跨域治理存在利益协调的困境，主要表现为"单中心""碎片化"和机会主义行为；蒋辉（2012）[5]应用演化博弈模型对政府的跨域治理决策行为进行了动态模拟，发现地方政府在跨域治理决策的演化过程中是一个"试错"的过程，决策的演化路径及最终稳定均衡策略的实现取决于某些关键的参数。

无论是行政区行政模式的制约，还是政府间关系协调的不顺，都说明了区域环境问题本身的扩散性与跨域性要求地方政府间进行合作治理，而行政区行政模式与当前央地关系对于竞争的支持大于合作，二者对地方政府间合作形成了制约，这是区域环境问题产生的根源所在。

（二）区域环境问题的治理模式

1. 地方政府合作治理模式

区域环境治理离不开地方政府间的横向合作，而现实中地方政府间关系却是合作与竞争并存。20世纪70年代以后，各国地方政府间为了吸引企业与争夺资源陷入了恶性竞争的局面，出现了互相争夺成为"污染避难所"与"竞争到底"的局面，学者们开始呼吁建立地方政府间的横向联系。国内经历了市场化及分权改革后，地方政府间成为独立的利益主体，在以GDP为地方政府主要考核指标的情形下，地方政府间也出现了横向竞争关系大于合作的局面，地方政府间为了发展经济而争夺资源，并转嫁污染，造成了环境恶化。

---

[1] 王佃利，任宇波. 区域公共物品供给视角下的政府间合作机制探究［J］. 中国浦东干部学院学报，2009（7）：103-104.

[2] 张文江. 府际关系的理顺与跨域治理的实现［J］. 云南社会科学，2011（5）：10-11.

[3] 周浩，吕丹. 跨界水环境治理的政府间协作机制研究［J］. 长春大学学报，2014（3）：285-286.

[4] 汪伟全. 空气污染跨域治理中的利益协调研究［J］. 南京社会科学，2016（4）：79-80.

[5] 蒋辉. 跨域治理决策的动态演化路径与均衡策略研究——理论与现实层面的考察［J］. 四川大学学报（哲学社会科学版），2012（6）：151-152.

Wallace E. Oates 和 Robert M. Schwab（1988）借用模型对地方政府采用税收与环境政策工具进行资源争夺的情形进行了模拟，得出地方政府间必须进行合作的结论。[1] 南开大学的杨龙教授及其学生彭彦强（2009）[2] 认为，跨界公共问题解决的关键在于选择合适的区域政府间合作方式，对横向行政权力进行深度协调；张紧跟、唐玉亮（2007）[3] 认为，对于跨市（县）河流污染而言，地方政府间环境协作是必然选择。杨新春、程静（2007）[4] 以太湖蓝藻事件为例，认为跨界污染频频发生的原因在于缺乏跨区域的地方政府合作，因此需要建立一个有效的地方政府合作机制；齐亚伟（2013）[5]、张跃胜（2016）[6] 运用合作博弈模型或博弈理论来论证区域生态合作带来的收益要大于非合作收益。金太军、唐玉青（2011）[7] 认为区域生态危机的有效治理需要区域内各行政区政府的良性合作，而生态治理上的"集体行动"面临着理念认知差异、利益结构差异以及制度缺失三大困境，相应地也应从这三方面出发来寻求消解三大困境的有效途径。

接下来的问题是政府间合作的具体方式，学术界对此做了多方面的探讨。Christensen K S 等（1999）概括出了"信息分享、共同学习、联合规划"[8] 等8种政府间合作方式；Walker 等（2000）列出非正式协议、正式协议、服务合同、志愿主义等在内的25种政府间合作方式，他认为横向地方政府间合作有助于防止"搭便车"行为，提高地方政府区域公共事务的处理效率。[9] 杨龙（2008）提出地方政府间合作的三种模式，即"互利模式、大行政单位主

---

[1] Wallace E. Oates, Robert M. Schwab. Economic Competition among Jurisdictions: Efficiency Enhancing or Distortion Inducing? [J]. Journal of Public Economics, 1988, 35 (3): 333-354.

[2] 杨龙，彭彦强. 理解中国地方政府合作：行政管辖权让渡的视角 [J]. 政治学研究, 2009 (4): 61.

[3] 张紧跟，唐玉亮. 流域治理中的政府间环境协作机制研究——以小东江治理为例 [J]. 公共管理学报, 2007 (7): 50-51.

[4] 杨新春，程静. 跨界环境污染治理中的地方政府合作分析——以太湖蓝藻危机为例 [J]. 改革与开放, 2007 (9): 16-17.

[5] 齐亚伟. 区域经济合作中的跨界环境污染治理分析——基于合作博弈模型 [J]. 管理现代化, 2013 (8): 43-44.

[6] 张跃胜. 地方政府跨界环境污染治理博弈分析 [J]. 河北经贸大学学报, 2016 (6): 96-97.

[7] 金太军，唐玉青. 区域生态府际合作治理困境及其消解 [J]. 南京师大学报（社会科学版），2011 (05): 17.

[8] 这8种方式具体包括信息分享、政府间共同学习、政府间相互审查与评论、政府间联合规划、政府间共同出资、政府间联合行动、政府间联合开发与合并经营。参见 Terhorst P J F, Christensen K S. Cities and complexity: making intergovernmental decisions [J]. Futures, 2001, 33 (10): 898-901。

[9] Walker D. B. The Rebirth of Federalism: Slouching toward Washington [M]. New York: Chathem House publishes, 1995: 27-29.

导模式及中央诱导模式"[1]。彭彦强（2013）将地方政府合作看作一个由浅入深的过程，合作程度越深，跨界公共问题的治理越有效，他制作出地方政府合作的连续谱，地方政府合作方式依次为"完全竞争、交流与互访、合作论坛、行政协议、区域联合会、共设机构、行政区、特别区和多功能大行政区及行政区划调整"[2]。Feiock 教授（2013）[3]根据交易成本由小到大将地方政府间合作方式依次概括为非正式网络、合同、授权协议、工作组、伙伴关系、网络构建、多重自组织体系、政府委员会、集中的区域权威。林尚立（1998）[4]将地方政府间合作的形成原因概括为以下几个方面，包括中央政府策划、基于某一公共问题而形成的地方间合作、基于协议形成的地方间合作及以协会的形式形成的地方间合作。地方间的合作形式包括城市政府联合体、经济区内各地方政府的联合及跨经济区的地方政府间联合三种形式。

2. 多元主体参与治理模式

有关于多元主体参与治理的区域环境治理研究，大部分学者认为依靠单个地方政府无法实现区域环境的有效治理，企业、公众及环境非政府组织等都可以成为区域环境治理的主体。Spence（2001）指出，应重视发挥企业在环境治理中的作用，转变传统观念中企业作为理性污染者的理念，对企业的角色进行重新思考与定位，充分发挥其依法治理污染的角色作用。[5] Ekaterina（2004）认为，政府、私营部门及社会都应参与到区域环境治理中，共同承担环境治理责任，多元合作有利于环境治理目标的早日实现。[6] Parkinson（2006）认为，多元化治理主体的参与对于日益多元化的时代是一种积极回应，在环境政策的制定与执行中有助于多元价值的引入，对于区域环境治理具有积极意义。[7] Mateeva A，Hart D，Mackay S（2008）认为，环境政策的制定需要私营部门及公众的参与以对地方政府行为压力，多元利益主体的参与

---

[1] 杨龙. 地方政府合作的动力、过程与机制 [J]. 中国行政管理, 2008 (7)：96-99.

[2] 彭彦强. 论区域地方政府合作中的行政权横向协调 [J]. 政治学研究, 2013 (4)：40-49.

[3] Feiock R C. The Institutional Collective Action Framework [J]. Policy Studies Journal, 2013, 41 (3)：397-425.

[4] 林尚立. 国内政府间关系 [M]. 杭州：浙江人民出版社, 1998：97-100.

[5] Spence David B. The Shadow of the Rational Polluter：Rethinking the Role of Rational Actor Models in Environmental Law [J]. California Law Review, 2001, 89 (4)：917-918.

[6] Katarina Eckerberg, Marko Joas. Multi-level Environmental Governance：a concept under stress? [J]. Local Environment, 2004, 9 (5)：405-412.

[7] Parkins J R. De-centering environmental governance：A short history and analysis of democratic processes in the forest sector of Alberta, Canada [J]. Policy Sciences, 2006, 39 (2)：183-203.

对于环境政策决策过程的民主化与透明化至关重要,环境的保护甚至需要包括国际合作在内的多层次合作。❶ 张劲松、任远增(2013)❷ 认为,要达成区域生态治理的集体行动,政府、公民社会、市场需要组成共同的治理集体,但是需要有相应的可选择性激励措施来保障集体行动的达成;张建英(2011)❸ 认为,区域生态治理的关键在于实现地方政府经济职能的转型,建立起区域生态问题的多元治理体系;谢宝剑、陈瑞莲(2014)❹ 指出形成制度联动、主体联动和机制联动的国家治理框架下的区域联动治理是应对大气污染的必然选择;张紧跟、唐玉亮(2007)❺ 认为,对于跨市(县)河流污染而言,包括上级政府的监管、地方政府间的协作以及公众参与在内的多元治理机制的构建十分必要;杨爱平、杨和焰(2015)❻ 以皖、浙两省的新安江流域为例,主张省际流域生态补偿中要强化中央政府的作用,提出构建政府、市场、社会多元主体协同参与的流域生态补偿机制;刘亚平、颜昌武(2006)❼ 认为,跨流域公共事务的治理需要所有利益相关者采用成本分摊的方法来生产区域公共问题治理所需的公共产品;汪伟全(2016)❽ 认为,为了实现空气污染的跨域有效治理,必须构建多元主体共同参与的利益协调模式;王佃利等(2015)❾ 认为,必须建立起契合区域公共物品自身特征的供给机制,构建起包括制度保障、整体性政府间关系、公司合作在内的多中心供给方式,建立起包括良好的环境条件、完善的制度设计、丰富的组织架构与优良的评估结果在内的区域合作治理机制,实现区域公共产品供给的集体行动;余敏江(2015)❿ 从社群主义视角对区域生态环境协同治理进行了分析,他提出需要

---

❶ Mateeva A, Hart D, Mackay S. Environmental Governance in a MultiLevel Institutional Setting [J]. Energy & Environment, 2008, 19 (6): 779-786.

❷ 张劲松,任远增. 论区域生态治理中的集体行动 [J]. 晋阳学刊, 2013 (2): 108-109.

❸ 张建英. 区域生态治理中地方政府经济职能转型研究 [M]. 广州: 广东人民出版社, 2011: 1.

❹ 谢宝剑,陈瑞莲. 国家治理视野下的大气污染区域联动防治体系研究——以京津冀为例 [J]. 中国行政管理, 2014 (9): 6-7.

❺ 张紧跟,唐玉亮. 流域治理中的政府间环境协作机制研究——以小东江治理为例 [J]. 公共管理学报, 2007 (7): 50-51.

❻ 杨爱平,杨和焰. 国家治理视野下省际流域生态补偿新思路——以皖、浙两省的新安江流域为例 [J]. 北京行政学院学报, 2015 (5): 9-10.

❼ 刘亚平,颜昌武. 区域公共事务的治理逻辑:以清水江治理为例 [J]. 中山大学学报 (社会科学版), 2006 (4): 94-95.

❽ 汪伟全. 空气污染跨域治理中的利益协调研究 [J]. 南京社会科学, 2016 (4): 79.

❾ 王佃利,王玉龙,苟晓曼. 区域公共物品视角下的城市群合作治理机制研究 [J]. 中国行政管理, 2015 (9): 6-7.

❿ 余敏江. 区域生态环境协同治理的逻辑——基于社群主义视角的分析 [J]. 社会科学, 2015 (1): 82-83.

将社群主义观念融入区域生态环境的治理实践中,通过对利益共享体与责任共同体的培育,重塑地方政府、企业与社会间的信任机制,以实现区域生态环境的多元主体间协同治理。范永茂、殷玉敏(2016)❶在比较分析了国内三个代表性案例之后,认为跨界环境治理成效与合作治理模式的选择有关,治理者应从所要解决的区域公共问题本身及合作治理机制出发,研究不同的公共问题适用何种治理机制;向延平、陈友莲(2016)❷基于新区域主义的分析视角为跨界环境污染区域共同治理提供了一个包括"谁治理""治理什么""怎样治理""治理绩效是什么"等内容在内的分析框架,他们指出应该建立跨界环境污染区域共同治理模式和治理网络。

实证研究方面,Lockwood 等(2009)从澳大利亚环境治理实践中发现,包括中央政府、地方政府与社区在内的多元主体参与的区域环境治理对于经济、社会与环境的协调发展十分有利❸;Tsang Stephen 等(2009)结合香港的案例对环境集体决策行为进行了分析,他们认为环境治理的多元主体间信任关系的构建对于合作关系的持久性与区域环境集体决策的达成十分必要❹;Gunningham Neil(2009)认为包括政府机构、非政府组织与公众在内的多元主体参与的区域环境治理模式更有效率,但是多元参与主体间要建立起对话机制,形成制度化的参与❺。

就多元主体参与治理的实践来看,澳大利亚在解决自然资源问题时投资了数十亿美元来构造联邦政府、州政府、地方政府、区域社区、农民及工业实体间的合作关系❻。新西兰政府进行了大量的合作试验,将自然资源的控制及管理权移交给由选举产生的区域委员会,这些委员会反过来开发出了各种各样的自愿性的合作社区平台来协商起草水资源政策,管理都市及郊区水机

---

❶ 范永茂,殷玉敏. 跨界环境问题的合作治理模式选择——理论讨论和三个案例[J]. 公共管理学报,2016(2):63.

❷ 向延平,陈友莲. 跨界环境污染区域共同治理框架研究——新区域主义的分析视角[J]. 吉首大学学报(社会科学版),2016(4):95-96.

❸ Michael Lockwood, Julie Davidson, Allan Curtis, et al. Multi-level Environmental Governance: lessons from Australian natural resource management[J]. Australian Geographer, 2009, 40(2):169-186.

❹ Tsang S, Burnett M, Hills P, et al. Trust, public participation and environmental governance in Hong Kong[J]. Environmental Policy & Governance, 2010, 19(2):99-114.

❺ Gunningham N. The New Collaborative Environmental Governance[J]. Social Science Electronic Publishing, 2013.

❻ Pert P. L. Contested Country: Local and Regional Natural Resources Management in Australia[J]. Ecological Management & Restoration, 2011, 12(1):3-4.

构（Jenkins，2007❶；McCallum，2007❷）。欧盟在环境评估及框架指导中也有了越来越多的多中心合作及参与（Holzinger，et al.，2006❸；Scott and Holder，2006❹；Baker and Eckerberg，2008❺；Newig and Fritsch，2009❻）。美国在促进多部门及多元利益相关者合作的努力中也走在前沿，如旧金山三角洲水资源管理及土地所有者在生态栖息地保护中的合作努力（Karkkainen，2003❼；Sabatier，2005❽；Wiersema，2008❾）。

三、区域环境治理中的地方政府合作研究

（一）交易成本视角

郭斌（2015），Richard C. Feiock（2013）❿等从合作成本与合作风险角度分析了跨区域环境治理中地方政府合作困境，郭斌将地方政府合作的交易成本概括为协调成本、信息成本与监控成本三个方面，过高的交易成本阻碍区域环境合作。Feicok教授也将合作成本概括为信息成本、讨价还价成本与执行成本三个方面，除此之外，他还将参与某种合作机制所带来的风险概括为协调风险、分配风险与违约风险，上述合作风险取决于三个要素，即所要解

---

❶ "Water allocation in Canterbury", keynote address to the New Zealand Planning Institute National Conference, March, Palmerston North, New Zealand.

❷ McCallum, W., Hughey, K. and Rixecker, S. Community Environmental Management in New Zealand: Exploring the Realities in the Metaphor [J]. Society & Natural Resources, 2007, 20 (4): 323-326.

❸ Holzinger, K., Knill, C. and Schafer, A. Rhetoric or Reality? The "New Governance" in EU Environmental Policy [J]. European Law Journal, 2006, 12 (3): 403-420.

❹ Scott, J. and Holder, J. "Law and New Environmental Governance in the European Union", in G. De Burca and J. Scott [M]. Law and New Governance in the EU and the US, Hart Publishing, Oxford, 2006.

❺ Baker, S. and Eckerberg, K. In Pursuit of Sustainable Development: New Governance Practices at the Sub-national Level in Europe [M]. Routledge, London, 2008.

❻ Newig, J. and Fritsch, O. Environmental Governance: Participatory, Multi-level and Effective? [J]. Environmental Policy and Governance, 2009, 19 (3): 197-214.

❼ Karkkainen. Toward Ecologically Sustainable Democracy? [M]. Deepening Democracy: Institutional Innovations in Empowered Participatory Governance, Verso Press, London.

❽ Sabatier, P., Focht, W., Lubell, M., Trachtenberg, Z., Vedlitz, A. and Matlock, M. Collaborative Approaches to Watershed Management [M]. Swimming Upstream: Collaborative Approaches to Watershed Management, MIT Press, Cambridge, MA, 2005.

❾ Wiersema, A. A Train without Tracks: Rethinking the Place of Law and Goals in Environmental and Natural Resources Law [J]. Environmental Law, 38: 1239-1300.

❿ Feiock R C. The Institutional Collective Action Framework [J]. Policy Studies Journal, 2013, 41 (3): 397-425.

决的区域公共问题的特征、区域内行政区间的偏好分配与上级政府的制度约束。地方政府选择某种合作机制的标准是收益最大化与风险最小化。

(二) 碎片化与整体性视角

胡佳 (2010)❶、上官仕青 (2015)❷ 等对跨域环境治理中地方政府合作的碎片化现象进行了分析,将地方政府合作的碎片化概括为地方政府间价值和理念的碎片化、地方政府间资源和权力分配结构的碎片化、地方政府间政策制定与执行的碎片化,并指出压力型体制、属地化管理体制,以及地方政府间合作保障机制的缺乏是造成跨域环境治理中地方政府合作碎片化的主要原因,并提出跨域环境治理中地方政府合作的整体性路径;崔晶、孙伟 (2014)❸ 以京津冀都市圈为例,对跨界公共事务治理中的碎片化状况进行了分析,并指出为了推动地方政府的有效合作,需要构建京津冀都市圈跨界公共事务的整体性治理模式,成立跨域整体性合作组织,整合地方政府间的行政管理体系,形成整体性合作治理网络。

(三) 利益博弈视角

有关于区域公共问题治理中的地方政府间利益博弈,不同的学者从不同的分析视角出发,进行深入分析。金太军 (2007)❹ 认为,区域公共管理的本质在于政府治理方式的制度变迁,地方政府间的博弈贯穿于这一过程,他运用"互动策略型博弈模型"对地方政府间的利益博弈进行了分析,他提出要树立合作的"重复博弈"的思维,形成良好的信息沟通及谈判机制,实现政府治理形态的嬗变;李胜、陈晓春 (2011)❺ 则从府际博弈的视角对跨域流域水污染治理困境进行了分析,他指出流域污染治理中存在央地之间的信号传递博弈,流域上下游地方政府间存在污染治理博弈,府际博弈的非理性均衡是跨域流域水污染治理困境的根源,进而他提出中央政府要增强政策威胁的置信度、地方政府间通过重复博弈建立其流域的合作治理机制等政策建

---

❶ 胡佳. 跨域环境治理中的地方政府协作研究 [D]. 上海:复旦大学, 2010 (3):20-21.
❷ 上官仕青. 跨域环境治理中的地方政府合作 [D]. 青岛:中国海洋大学, 2015 (5):15-16.
❸ 崔晶,孙伟. 区域大气污染协同治理视角下的府际事权划分问题研究 [J]. 中国行政管理, 2014 (9):11-13.
❹ 金太军. 从行政区行政到区域公共管理——政府治理形态嬗变的博弈分析 [J]. 中国社会科学, 2007 (6):53-65.
❺ 李胜,陈晓春. 基于府际博弈的跨域流域水污染治理困境分析 [J]. 中国人口·资源与环境, 2011, 21 (12):108-113.

议；易志斌（2010）❶ 从共容利益的角度对流域水污染合作治理中的利益博弈结构进行了研究，上游地方政府与下游地方政府分别为流域水污染博弈局中人，探讨了上游与下游分别采取合作与不合作策略的收益，对上下游地方政府策略选择起决定性作用的因素有以下四个，即中央政府的认可、合理的生态补偿、当地居民对地方政府的满意度及上游对下游的污染赔偿额度；周倩倩（2016）❷ 对雾霾治理中各方的行动、支付、战略和均衡进行了研究，她首先建立起包括区域内地方政府间及政府与企业在内的微分博弈模型，分析博弈中各方策略是如何受到各种因素的影响，其次建立起政府、企业与公众三方参与的演化博弈模型并模拟仿真，最后提出政策建议；崔亚飞、刘小川（2009）❸ 则分别从污染效应对称性与污染效应非对称性两种情形下对地方政府间污染治理的博弈行为进行了分析；与之类似的还有刘洋、万玉秋（2010）❹ 对跨区域环境治理中的地方政府间博弈，分别从经济发展水平相同与不同两种情形下进行了分析。

此外，博弈论作为一种新的分析工具还被应用到政府间关系的研究之中，包括对政府间纵向与横向关系的利益博弈研究两部分。张珊（2005）❺ 以市场保护与污染治理为研究对象，对同级地方政府间的利益博弈进行了分析，指出在统一大市场形成的进程中，同级地方政府间关系必然经历从低水平竞争向理性博弈的转变，而要突破同级地方政府间利益博弈的"囚徒困境"，地方政府需要制定差异化的发展策略，避免重复恶性竞争；汪伟全（2007）❻ 从博弈论的视角对地方政府竞争中的机会主义行为进行了分析，提出了机会主义行为产生的前提条件、发生的领域、危害及规制措施。刘祖云（2007）❼ 提出了政府间关系的"十字形"博弈框架，他将横向与纵向政府间博弈态势概括为"十字形"博弈，并将省一级政府置于博弈的"十字中心点"。

---

❶ 易志斌. 基于共容利益理论的流域水污染府际合作治理探讨 [J]. 环境污染与防治, 2010, 32 (9): 88-91.

❷ 周倩倩. 雾霾跨域治理的行为博弈与多元协同机制研究 [D]. 南京：南京信息工程大学, 2016 (6): 12-13.

❸ 崔亚飞, 刘小川. 中国地方政府间环境污染治理策略的博弈分析——基于政府社会福利目标的视角 [J]. 理论与改革, 2009 (6): 62-65.

❹ 刘洋, 万玉秋. 跨区域环境治理中地方政府间的博弈分析 [J]. 环境保护科学, 2010, 36 (1): 34-36.

❺ 张珊. 同级地方政府间关系的博弈分析 [J]. 山东理工大学学报（社会科学版）, 2005, 21 (6): 30-34.

❻ 汪伟全. 地方政府竞争中的机会主义行为之研究——基于博弈分析的视角 [J]. 经济体制改革, 2007 (3): 141-145.

❼ 刘祖云. 政府间关系：合作博弈与府际治理 [J]. 学海, 2007 (1): 79-87.

(四) 中央政府的作用

有关区域环境治理中地方政府合作的研究，中央政府的作用不可忽视。金太军（2007）[1]将区域公共管理方案的制定与执行看作一个博弈过程，博弈局中人分别是中央政府与地方政府，它们围绕具体的方案安排与利益分配进行讨价还价，博弈结果取决于双方的讨价还价能力及策略选择，金太军认为要想实现区域公共管理中政府治理形态的有效嬗变，必须加强中央政府的宏观调控职能；熊烨（2017）[2]认为跨域环境治理中存在纵向与横向两种权力作用机制，他据此构建出跨域环境治理的二维分析框架，并运用此框架对我国跨流域治理中的"河长制"进行了分析，"河长制"以纵向权力机制的嵌入推动跨流域治理从"弱治理"向"权威依赖治理"转变，进而指出我国跨流域治理应走向强纵向与强横向结合的"强治理"模式；邢华、邢普耀（2018）[3]认为单纯依赖横向地方政府间合作无法解决区域合作难题，中央政府的介入不可避免，并对中央政府纵向嵌入式治理的政策工具进行了分类，包括政治、机构、行政及规则嵌入，政策工具的合理运用对于区域合作问题的有效解决至关重要。

四、已有研究总结

综合已有文献，区域环境问题的跨域性与地方政府的属地治理模式产生的矛盾是区域环境治理困境的根源所在，有关区域环境治理的模式研究，主要有地方政府合作治理、多元主体参与治理与自组织治理三种模式，而在地方政府间合作治理的机制选择上，国内外学者给出了不同的合作方式，多种合作方式虽不同，但还是有共性存在的，其共性在于合作方式均由非正式向正式、从地方政府权力让渡由浅入深变化的，不同的区域合作问题根据合作成本与合作风险选择不同的合作方式。从区域环境治理中的地方政府合作研究看，学者们主要从交易成本与风险、碎片化与整体性、利益博弈等视角进行了分析，其中围绕地方政府间的利益博弈研究，不同学者从动态演化博弈、策略互动型博弈、微分博弈模型等多个角度对跨域环境事务中地方政府间的

---

[1] 金太军. 从行政区行政到区域公共管理——政府治理形态嬗变的博弈分析 [J]. 中国社会科学, 2007 (6): 53-65.

[2] 熊烨. 跨域环境治理：一个"纵向—横向"机制的分析框架 [J]. 北京社会科学, 2017 (5): 108-109.

[3] 邢华, 邢普耀. 大气污染纵向嵌入式治理的政策工具选择——以京津冀大气污染综合治理攻坚行动为例 [J]. 中国特色社会主义研究, 2018, 141 (03): 79-86.

利益博弈进行了阐述。对区域环境治理中地方政府间博弈研究离不开中央政府的作用，中央政府的纵向嵌入对于区域环境合作必不可少，有学者甚至认为央地利益博弈也是跨域环境治理研究的重要内容。

第三节 研究方法

在研究方法上，本书综合运用利益分析、成本—收益分析、博弈论、案例分析等多种研究方法，对跨域环境治理中地方政府合作进行了综合考量。首先，利益分析法是公共管理中的基本研究方法之一，跨域环境治理中地方政府间利益冲突是合作困境产生的根源，而利益协调是实现合作的关键；其次，地方政府作为理性经济体，其行为决策是出于对自身成本收益的考量，地方政府只有在明确的成本收益预期下才会选择合作；再次，基于个体理性考量的地方政府间在跨域环境合作中会进行策略互动，从博弈论视角观察，地方政府作为博弈局中人，其在跨域环境合作治理中的策略取决于对其他局中人决策信息的掌握及己方收益最大化；最后，个案分析对于检验并丰富跨域环境合作治理的分析框架具有重要意义。

一、利益分析法

"人们为之奋斗的一切，都同他们的利益有关。"[1] 人们在生产和生活中结成了各种各样的社会关系，利益则是人们结成社会关系的出发点和落脚点。作为社会科学研究中的一种基本方法，利益分析法对于人类行为与社会现象都有着极强的解释力；同样，在公共政策研究和公共问题治理中，利益主体间的冲突也越来越复杂与普遍，利益分析也彰显出其重要性。

当然，强调利益分析并不意味着其他方法就不重要。对于公共管理问题的研究必须将利益分析与规范分析、实证分析等相结合才能更具有说服力；但是另一方面，"'思想'一旦离开'利益'，就一定会使自己出丑"[2]，"作为公共管理研究基本方法的利益分析，是制度分析、权力分析、组织分析、文化分析和伦理分析的基础"，因为利益问题触及了其他研究方法的本质与内核，这些方法"必须结合利益分析，才能更加具有解释力和信服力"[3]。因

---

[1] 马克思，恩格斯. 马克思恩格斯全集（第1卷）[M]. 北京：人民出版社，1995：187.
[2] 马克思，恩格斯. 马克思恩格斯全集（第2卷）[M]. 北京：人民出版社，1957：103.
[3] 陈庆云. 公共政策分析[M]. 2版. 北京：北京大学出版社，2011：249.

此，通过利益分析可以"揭示出公共管理活动中主体间利益冲突与妥协的本质"❶，而公共管理学科的终极奥义就在于对利益主体间的竞争与合作关系进行规范，以实现和增进公共利益。

二、成本—收益分析法

作为经济学中最基本的分析方法，成本—收益分析广义上指的是一切经济主体基于货币单位对行为得失进行估算与衡量的方法；狭义上指的是企业需要对其生产行为在经济价值上的得与失进行评估，以便对投入与产出有一个科学的估计。具体来讲，经济行为主体基于对未来获益的预期而投入生产要素，按照边际成本等于边际收益的原则（即等边际法则）进行资源配置，其目的在于以最小的成本获取最大的收益，以实现净收益最大化。尽管成本—收益分析是经济学领域的研究方法，但它同样适用于其他社会科学领域的研究，这不仅由于该种方法简单易操作，而且由于它是对人们经济理性的最直接描述，具有广泛的适用性。

对于公共政策来说，成本—收益分析指的是以货币的形式对政策引起的社会福利的变化进行估算与衡量的方法，其目标在于提高公共政策质量。帕累托最优是成本—收益分析法的理论基础，其原理在于对某种社会变化的有效性进行衡量，但是由于任何一项公共政策都无法避免使一部分人获益，而使另一部分人利益受损。因而，很少有公共政策能够满足帕累托最优。为此，希克斯提出了潜在帕累托最优这一更有效的衡量方法，简单来说，如果一项公共政策使得利益受损人的损失能够被受益人的收益弥补，这项政策就是福利改进的。潜在帕累托最优是成本—收益分析法的理论基础。

三、博弈论法

利益博弈是人类社会的永恒问题之一，即使是在所谓"双赢"状态下，也依然存在"谁赢得多、谁赢得少""谁付出代价多、谁付出代价少"的问题。无论是公共政策学中的"对全社会价值的权威性分配"，还是经济学中的"对全社会资源的配置"，归根结底是价值或资源在相互间存在利益差别以致利益冲突的不同人们之间的分配，❷ 此时当事人所进行的行为选择就可以被称为"博弈"，而博弈论正是运用现代数学模型来研究博弈行为的理论。如今，博弈论已经成为经济学、政治学、管理学等各类学科研究中的基础性

---

❶ 陈庆云，鄞益奋. 论公共管理研究中的利益分析 [J]. 中国行政管理，2005（5）：37-38.
❷ 林岗，张宇. 马克思主义与制度分析 [M]. 北京：经济科学出版社，2001：10.

分析工具。

最早将博弈规范化为一般理论的是冯·诺依曼（John von Neumann）和奥斯卡·摩根斯特恩（Oskar Morgenstern）（1944），他们定义了博弈论的基本数学概念和分析工具，并提出了以联盟（Coalition）问题为核心的合作博弈解的思想。在前人基础上，夏普利（Shapley）和纳什（Nash）分别将博弈论研究推向两个不同的研究方向，一是夏普利（1953）将核（Core）发展为合作博弈的一般解，并加入了一些着眼于"公平"分配合作利益的公理；二是纳什（1950，1951）跳出了合作博弈的思维框架，他不再以联盟而是以个人（Individual）作为利益分析的出发点，这样做的优点在于：第一，分析更为深刻，可以解释人们为什么要合作以及具体如何合作；第二，适用性强，对于很多现实问题都能作出解释；第三，在很大程度上解决了博弈稳定状态（即"均衡"）的存在性和唯一性问题。[1] 此后，博弈论就是在这两个研究方向上展开的。

需要特别指出的是，人们对博弈论常常存在一种误解："合作博弈就是支持合作行为，而非合作博弈则提倡对抗。"事实上，合作博弈与非合作博弈这两种分析框架的差别只是在于建模方式不同，即前者是从集体效用出发来决定博弈者的选择，后者是从个人效用出发来决定博弈者的选择。诚如涂志勇（2009）所说："如果合作对个人有利，非合作博弈也是支持合作行为的；相反，如果合作对个人不利，即使合作博弈也无法支持合作行为。"[2] 而非合作博弈由于上述各项优点，已经成为经济学等各学科中的主要分析方法。

四、案例分析法

案例研究法作为社会科学研究的一种基本方法，其本质是一种经验主义的总结与反思，通过对典型案例的具体分析、解剖来验证理论或对理论有所贡献以更好地解释案例。在跨域环境治理中，京津冀大气污染治理以其长期性和复杂性备受关注，本书将以京津冀地区大气污染治理为典型案例，通过对京津冀大气污染治理的统计资料、政策文件等的分析，在了解京津冀大气污染现有合作框架的基础上，对如何进一步深化合作提出对策建议。

---

[1] 涂志勇. 博弈论［M］. 北京：北京大学出版社，2009：3.
[2] 涂志勇. 博弈论［M］. 北京：北京大学出版社，2009：3.

第四节 研究思路

本书以跨域环境治理为研究对象，生态环境的整体性与生态问题的跨域性和扩散性决定了地方政府无法依靠单独行动来有效解决跨域环境污染问题，各自为政既不科学也不经济，地方政府间合作才是跨域环境问题的治理之道。围绕跨域环境治理中的地方政府合作，笔者按照合作主体—合作需求—合作困境—合作行动实现的分析思路进行阐述（详见图0.3）。

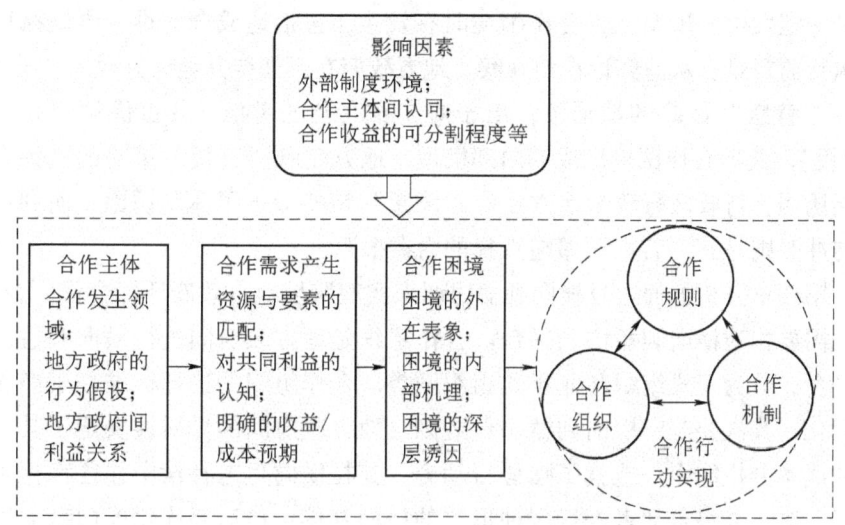

图0.3　跨域环境治理中地方政府合作研究思路

（资料来源：潘小娟等：《地方政府合作》，人民出版社2016年版，第144页；作者有所修改）

结合图0.3跨域环境治理中地方政府合作的研究思路图，本书的主要内容概括如下。

序言部分，首先介绍了本书的选题背景、研究对象与研究意义；其次梳理了国内外有关跨域环境治理的相关文献，力求把握该领域的国内外发展动态，并借此找到本书的着力点；最后对本书的研究内容与研究方法、创新与不足分别进行了阐述。

第一章对跨域环境治理、地方政府合作、利益与利益博弈等基本概念做了界定，并对区域公共治理理论、整体性治理理论、集体行动理论和利益相关者理论等基本理论进行了介绍，最后对全书所使用的分析框架进行了概括性说明。

第二章首先对作为地方政府合作发生场域的跨域环境治理进行了分析；

其次对作为合作主体的地方政府进行了分析,分析主要围绕地方政府行为的经济理性与公共理性及跨域环境治理中地方政府所处的复杂利益关系两方面进行;最后合作需求方面,笔者将合作需求概括为三个方面:第一,资源与要素匹配的客观基础条件,该条件界定了地方政府合作的范围;第二,对共同利益的认知,该条件催生了地方政府的合作意愿;第三,明确的收益/成本预期,该条件引致了地方政府的合作行动。

第三章分析了跨域环境治理中的地方政府合作困境及其利益逻辑。无论从理论上还是现实中观察,即使具备合作需求生成的三个条件,合作行动也未必一定发生。事实上,合作困境时有发生,包括达成合作难、协议执行难与执行监督难。从博弈论视角观察,地方政府在不知晓其他地方政府"合作"或者"背叛"策略的情形下,出于对自身利益的考虑,其占优策略必然是"背叛",此即合作困境形成的内部机理。地方政府"背叛"策略的选择有着深层诱因,行政区行政为地方政府"背叛"策略埋下了体制诱因,而利益矛盾与冲突则是其"背叛"策略选择的内在根源。

第四章分析如何通过横向利益协调来实现跨域地方政府环境合作。为此,首先需要构建横向利益协调平台。合作组织是地方政府间进行横向利益协调的平台,分为正式组织与非正式组织两类。合作组织的选择标准在于净收益最大化;其次要制定横向利益协调规则。地方政府间的异质性决定了其差异化的成本分担能力,造就了强势行动者,其在横向生态补偿中往往承担主要责任,对于弱势行动者进行多种形式的横向补偿;最后要优化横向利益协调路径。协商机制方面,主要从建立协商谈判机构、确立多元化的协商主体与设计执行性较强的协商协议三方面进行分析。执行机制的健全离不开有效的执行组织系统及评估体系,监督机制方面,需要确立多元化的监督主体,建立完善的信息公开制度及官员问责制。

第五章以京津冀大气污染合作治理为案例检验了上述分析框架。京津冀大气污染问题作为典型的跨域环境问题,地方政府间合作治理是其本质要求。从国家层面到京津冀三地政府都采取了一系列措施来推动对京津冀大气污染的联防联控,并取得了一定成效。但总体而言,京津冀大气污染合作治理困境依然存在,包括合作达成难、协议执行难与执行监督难三个方面。围绕如何消解合作困境,实现京津冀大气污染的合作治理,笔者从合作组织的优化、合作规则的完善及合作机制的改进三个方面提出了对策与建议。

结论部分首先对本书的研究发现进行了梳理。概括而言,跨域环境治理中地方政府合作的研究是以利益为轴心展开的,作为合作主体的地方政府在跨域环境治理中产生了合作需求，但地方政府间多层次的利益矛盾外化为地方政府间基于跨域环境问题的利益博弈，合作困境由此产生，而利益协调是破解合作困境，实现跨域环境治理中地方政府合作的有效路径；其次围绕两点对未来研究进行了展望，一是关注中央政府纵向嵌入作用对地方政府间合作的影响，二是关注本书之外可能影响地方政府间合作的多个因素。

第五节　创新与不足

一、创新之处

创新点之一：利益分析是公共管理研究的基本方法之一，利益问题是其他研究方法与视角的内在焦点。❶ 本书将利益分析作为研究的基本方法，结合经济学中的理性假设与成本—收益分析，构建起相关利益博弈模型，力求全面客观地呈现跨域环境治理中地方政府合作行为的多重利益考量及策略选择，从某种意义上说，本书在一定程度上丰富了有关利益分析的研究手段，拓宽了利益分析方法的内涵，佐证了利益分析方法的有效性。

创新点之二：合作主体部分，对地方政府的理性假设及其所处的多重利益关系进行了细致的分析。本书将地方政府视为"经济理性与公共理性的矛盾统一体"，它既代表了地方公共利益和地方政府组织利益，同时还渗透着地方政府部门利益及地方官员利益，因而是一个复杂的利益综合体。笔者对于地方政府的行为假设及其所代表的多重利益的分析具有一般适用性，不仅适用于对跨域环境治理主体的分析，也适用于其他以地方政府为行为主体的问题分析。

创新点之三：合作规则部分，笔者基于博弈者间的异质性构建了博弈模型，发现博弈者间异质性及对成本收益敏感性的差异造就了跨域环境治理中的强势行动者，他们在跨域环境合作中往往能够起到带头作用。推动区域内行动者就环境问题签订合作协议，对于合作的成本分担问题有更多的话语权，也更愿意做出部分牺牲以就环境议题达成合作。这一结论对于合作规则中横向生态补偿措施的制定具有一定的理论指导意义，以博弈模型构建的方式找到合作可能性条件，这是一个新的尝试。

---

❶ 陈庆云，鄞益奋. 论公共管理研究中的利益分析［J］. 中国行政管理，2005（5）：35-36.

二、不足之处

其一，本书在对地方政府合作的研究中主要聚焦于横向地方政府间及其内部的利益关系上，对中央政府"纵向嵌入"作用着墨不多。[1] 实际上，跨域环境问题是较为复杂且合作风险较高的问题领域，中央政府的嵌入作用必不可少，尽管笔者在写作中力求兼顾纵向中央政府的干预对横向地方间合作的影响，但受制于研究对象与研究视角，也仅做到了部分呈现其作用。实际上，只有将中央政府纵向嵌入与横向地方政府间利益关系的研究相结合，才能使地方政府合作的研究更具说服力与解释力。

其二，京津冀大气污染治理案例的选取具有一定的特殊性，主要体现在北京作为首都，具有特殊的政治地位，中央政府对地方政府合作的干预作用无法忽略，地方政府合作的自主性因而受到了限制。笔者将京津冀大气污染合作治理总结为中央政府推动下的"压力型合作"，从"压力型合作"向"自主型合作"转变的关键在于构建起常态化与规范化的横向利益协调机制，这也是本书得到的一个重要结论。京津冀区域大气污染治理尽管典型但也存在特殊性，这也是所有案例分析中难免会遇到的特殊性与一般性的矛盾，笔者也不例外。

---

[1] 邢华，邢普耀. 大气污染纵向嵌入式治理的政策工具选择——以京津冀大气污染综合治理攻坚行动为例 [J]. 中国特色社会主义研究, 2018, 141（03）: 79-86.

第一章
基本概念、理论基础与分析框架

第一节 概念界定

一、跨域环境治理

（一）环境问题及其治理

在不同的学科视角下，"环境"的含义有所不同。《辞海》中"环境"一词泛指地表上影响人类及其他生物赖以生活、生存的空间、资源，以及其他有关事物的综合。❶《布莱克威尔环境管理简明百科全书》(*Blackwell's Concise Encyclopedia of Environmental Management*) 中对"环境"的解释是"支撑生命的物质：水、土地、空气及气候"。这一概念明确将这些物质与活物区别开来，否定了这些物质的化学和物理组成部分受到有机体行为及新陈代谢的影响。从国际组织的定义来看，联合国青少年之家（You Think）对"环境"的界定是周围所有能够影响人类发展的事物。即围绕着个人或组织的各种决定其生存形式与性质的复杂的物理、地理、生物、政治、文化与社会等条件。从法律法规层面来看，《中华人民共和国环境保护法》（2014年修订）第2条中对"环境"的范围进行了划定："环境"指的是影响人类生存与发展的各种天然的和经过人工改造的自然因素的总体，包括大气、水体、海洋、土地、矿藏、森林、草原、湿地、野生生物、自然遗迹、人文遗迹、自然保护区、风景名胜区、城市和乡村等。上述定义都表明，人类一切的进步与发展都与环境有关，这也意味着环境问题能够对人类构成威胁，大气污染、水污染、自然灾害都能带给人类挑战。本书的"环境"主要指的是生态环境，是各种

---

❶ 辞海之家［EB/OL］. http://www.cihai123.com/cidian/1062458.html.

生态系统的集合，这一集合中的生态系统由生物群落及非生物的自然因素构成，其产生的原因主要是自然因素，对人类生产生活有潜在的、间接的或长远的影响。❶

自工业革命以来，伴随着人类自身活动范围的扩大与生产方式的变革，人类面临的环境问题也日益严重，人与自然的关系发生了显著的变化：第一，人口的急剧增长与工业的快速发展无一不对自然生态系统造成巨大压力，对自然生态系统的索取增加，导致破坏加剧；第二，工业时代伴随着工业文明的发展与科学技术的进步，人类生产的技术条件得以改进，从自然中获取物质资料也越来越频繁，并且获得资源的规模与数量与日俱增，而高能耗、高污染企业的发展使得污染排放越来越严重，其对生态系统造成了巨大压力；第三，随着人类对自然生态系统索取的增加，其向自然界排放的剩余物越来越多，并且这些剩余物未经任何处理便直接排向自然生态系统，严重威胁了人类赖以生存的自然环境。❷ 可见，工业社会中人与自然关系的失衡和矛盾比农业社会复杂很多，产生的问题也日益多样化，其中环境污染和生态破坏是最为典型和突出的；更为严峻的是，各种类型的环境问题交织在一起，形成复合型生态环境问题，其影响是全局性与整体性的，❸ 并且会带来其他领域的危机，例如，环境危机会产生环境难民，从而引发更严重的社会问题。

所谓环境问题，指的是因为自然变化与人类活动所引起的对人类和生物圈生存与发展不利的环境结构与状态的变化，包括自然灾害、环境污染、生态平衡破坏、资源耗竭等。导致环境问题产生的原因可分为自然与人为两方面：由自然原因所引起的环境问题被称为第一环境问题，包括地震、海啸、火山喷发、干旱等原生环境问题；而相对的由人类自身活动引起的环境问题称为次生环境问题，也叫第二环境问题。工业化时代及后工业化时代由人类不合理的生产生活方式引起的第二环境问题越来越严峻，这种次生环境问题也反过来加剧了原生环境问题。本书研究的环境问题便指的是次生环境问题。

英文中的"治理"（governance）一词常与"统治"（govern）交叉使用，它源自古希腊与拉丁词汇，本意是"控制、引导及操纵"，主要被应用于国家相关的公共事务的管理活动中。20世纪90年代以来，西方学者（主要分布在政治学与经济学领域）为该词汇赋予了新的学术含义，但这也造成对于"治理"概念的理解及运用方面的多样性与模糊性。而荷兰学者基斯·冯·克斯

---

❶ 欧阳帆. 中国环境跨域治理研究[M]. 北京：首都师范大学出版社，2014：7-8.
❷ 徐春. 可持续发展与生态文明[M]. 北京：北京出版社，2001：43.
❸ 施从美, 沈承诚. 区域生态治理中的府际关系研究[M]. 广州：广东人民出版社，2011：35.

伯根（K. Van Kersbergen）和佛朗斯·冯·瓦尔登（F. Van Waarden）在出版于 2004 年 3 月的《欧洲政治研究杂志》上对治理的九种用法进行了系统的总结，分别是作为"善治"的治理、作为社区自组织的治理、国际关系领域中"没有政府的治理"、经济治理、新公共管理、公司治理、网络治理、多层次治理、私域治理等。英国学者罗伯特·罗茨（Robert Rhodes）对"治理"概念进行了梳理，归纳整理出 6 种主要观点，如强调效率、法治和责任的公共服务提供体系，"善治"和社会协调网络等。❶ 在作为国际学术界最具代表性和权威性的定义，全球治理委员会将"治理"视为各种公共的或私人的个人和机构管理其共同事务的诸多方式的总和，"治理"是一个持续不断的过程，其目的是使对立的或存在差异的利益彼此适应，从而可以采取合作的行动。❷

国内学者俞可平较早地对治理与统治的区别进行了分析，其观点也最具代表性。首先，统治的权威必须是政府，而治理的权威则未必。其次，统治的权力运行遵循自上而下的逻辑，中央政府作为最高统治者，利用其权威自上而下发号施令，形成对社会公共事务统一的管理。与之相反，治理的权力运行是双向的，政府与社会的关系是互动与平等的，政府主要采用协商或伙伴关系的方式管理社会公共事务。再次，统治的范围以民族国家为界，而治理的范围则宽泛得多。最后，统治的权威源于政府的命令，治理则建立在公民的认同与共识之上。❸ 目前国内关于治理的理论和实践已涉及多方面，一系列通过在"治理"前加上修饰限定性词语而产生的新概念被应用于各个领域，这种做法使得"治理"成为极具现代化色彩的学术词汇，甚至成为一种"学术时尚"。

总体来看，"治理"是一个内涵非常丰富、包容性极强的概念。本书认为，"治理"指的是政府、非政府组织、私人部门、公民等采用谈判、协商、伙伴关系等形式来管理公共事务以实现公共利益的最大化过程。❹ 以此观之，"环境治理"就包含了广义和狭义两种理解：从广义上讲，环境治理指的是运

---

❶ 这 6 种观点分别是：（1）作为最小国家的管理活动的治理，指的是国家削减公共开支，以最小的成本取得最大的收益；（2）作为公司管理的治理，它指的是指导、控制和监督企业运行的组织体制；（3）作为新公共管理的治理，它指的是将市场的激励机制和私人部门的管理手段引入政府的公共服务；（4）作为善治的治理，它指的是强调效率、法治、责任的公共服务体系；（5）作为社会控制体系的治理，它指的是政府与民间、公共部门与私人部门之间的合作与博弈；（6）作为自组织网络的治理，它指的是建立在信任与互利基础上的社会协调网络。参见罗伯特·罗茨. 新的治理 [M] // 俞可平. 治理与善治. 北京：社会科学文献出版社，2000：87-96.

❷ 全球治理委员会. 我们的全球伙伴关系 [M]. 牛津：牛津大学出版社，1995：23.

❸ 俞可平. 全球治理引论 [J]. 马克思主义与现实，2002（1）：20-32.

❹ 陈瑞莲，杨爱平. 从区域公共管理到区域治理研究：历史的转型 [J]. 南开学报（哲学社会科学版），2012（2）：49-50.

用各种手段（包括经济、技术、行政、法律和教育等）对经济社会生活进行管理以使人类活动在自然环境容量的承受范围内；狭义上讲，环境治理指的是管理者（包括自然人和政府部门）对经济社会生活中所造成环境污染进行相应的预防与控制。❶ 从公共管理学的角度来看，环境治理是治理理论在生态环境领域的应用，可将环境治理定义为政府组织、公民社会或跨国组织通过正式或非正式机制对自然资源、污染控制及环境纠纷进行的保护及管理活动。❷

（二）跨域环境治理及其特征

按照宪法规定，我国在省、直辖市、县、市、市辖区、乡、民族乡、镇设立人民代表大会和人民政府；❸ 所谓跨域，指的是公共问题或公共事务跨越某一单一行政辖区，造成事权分属不同行政辖区的现象。本书所说的跨域指的是跨越两个及两个以上的行政辖区，包括跨省、跨地级市、跨县，尤其针对跨省层面；而"跨域环境治理"指的就是某一区域内不具有隶属关系的行政区间，为了满足区域内全体或大多数社会成员的环境治理需求，以协商、合作、协调、伙伴关系的建立等方式，对地方行政辖区具有管理权限的相关机构进行资源重组，以实现对跨越两个及两个以上行政辖区的环境公共事务的治理，最终达到区域内各方主体共同受益的目的。跨域环境治理的对象包括水污染、大气污染及固体废弃物污染等各方面；从理论上讲，环境问题的治理主体不仅涵盖了地方政府、中央政府，还包括私人部门、社会公众及NGO（非政府组织）。

跨域环境治理属于区域性公共产品及公共事务的范畴，区域性公共产品需要两个及两个以上地方政府联合提供，其消费一般会外溢出其地域界限，其他行政区也会因此受益或受损，同时，由于区域内环境资源的有限性，某一消费者的消费会使其他消费者的可消费资源减少，因此，跨域环境治理作为一种公共池塘资源，具有非排他性及竞争性两种特征。

第一，高度渗透性与不可分割性。作为一个生态整体，跨域环境问题的传播介质间会互相渗透与互相影响，风力、河流、信息、经济活动等都会成为环境污染扩散的中介，这使得跨域环境治理与传统意义上的公共事务相比，

---

❶ 方如康.环境学词典 [M].北京：北京科学出版社，2003：524.
❷ 朱旭峰，王笑歌.论"环境治理公平" [J].中国行政管理，2007（9）：107-111.
❸ 我国宪法将全国划分为省、自治区、直辖市，省、自治区分为市、自治州、县、自治县，而县、自治县分为乡、民族乡、镇，直辖市及较大的市分为区、县，自治州分为市、县、自治县。自治区、自治州及自治县都是民族自治的地方。参见《中华人民共和国宪法》第30条。

不仅具有跨域性,且环境问题间会相互交织、演变,使问题变得异常复杂。所谓高度渗透性,是指单个行政区内的环境问题经过扩散与传播,与其他行政区内的环境问题交织在一起,传播媒介的流动与扩散导致各个行政区间的环境问题相互影响,没有一个单独的行政区可以独善其身,每个行政区的生态环境状况都或多或少受到其他行政区的影响。而不可分割性指的是跨域环境所具有的整体性与系统性决定了其与周围环境是"一荣俱荣,一损俱损"的关系,单个行政辖区的环境治理行为未必能使区域环境得到质的改善,但是其污染却能够对区域环境造成威胁。

第二,跨域的正外部性。所谓外部性,是指某一地区生产或消费某一产品使得除此地区外的第三方的利益受到影响。跨域问题的外部性是指某一行政区自身的公共问题同样会影响到相邻行政区,其对自身公共问题的解决会让相邻区域受益,或使相邻区域受损。而生态环境作为典型的具有外部性的公共产品,某一地区为生态保护所做的投入会使其他相邻区域受益,而生态环境的损坏行为则具有负的外部效应,其成本也会由其他地区共担。反过来讲,跨域环境治理作为一种跨区域公共产品,某一辖区企业污染的外部性导致其他辖区民众利益受损,而污染的成本却难以界定与核算,同样,某一辖区的环境保护行为也会使其他辖区民众受益,而其他辖区却不用付出治理的成本,"搭便车"行为无法避免。以河流为例,受经济利益驱动,河流上游发展高污染产业以快速拉动当地经济发展,但是污水排放导致河流被污染,于是,上游政府明令禁止企业工业污水排放,并出资购买污水处理设施,建立污水处理厂。那么,下游地方民众因此受益,并不用分担上游维持河流清洁的高成本。

第三,相互依赖的竞争性。由于跨域环境治理的议题超出了单一行政区政府的管辖范围,单凭某一地方政府无法实现跨域环境治理,因此,区域内各行为体在环境利益上是相互依赖的关系,同时,官员晋升锦标赛模式又决定了同一层级地方政府间的竞争关系,在区域环境系统内,任何一个行为体的行动变化都会对其他行为主体产生影响。作为一种公共池塘资源,跨域环境治理兼具消费的非排他性与竞争性,尽管地方政府负责本辖区内公共事务或提供公共产品的服务,但是作为跨域公共事务,作为本地区利益代表者的地方政府往往优先考虑的是本辖区利益最大化,而非区域共同利益的最大化,因而,跨域环境治理极有可能造成无人付费的"搭便车"局面。

二、地方政府合作

(一) 地方政府

地方政府与中央政府相对应而存在。根据《布莱克维尔政治学百科全书》，地方政府是指"权力或管辖范围被限定在一国家部分地区内的一种政治机构"。❶ 无论单一制国家还是联邦制国家，都是一个统一的整体国家，都有一个代表整个国家的政府——全国性政府（国家政府），在这一国家内治理国家部分地域的政府，则是一种地域性政府（地域政府），"地域"与"国家"之间是一种部分与整体的关系。❷ 依据上述分析，可对"地方政府"一词作如下界定：地方政府是在单一制国家的中央政府或联邦制国家的联邦成员政府管辖下，由单一制国家的中央政府或联邦制国家的联邦成员政府设置的治理国家部分地域的政府。❸

在不同的国家结构形式下，"地方政府"有不同的主体。以美国为例，联邦体制下美国的地方政府包括县政府（counties）、市政府（municipalities）、镇政府（townships）、学校特别区政府（school district）、特别区政府（special district），但却不包括联邦成员（即州政府，state government）。在地方政府中，有 16506 个县政府、13522 个市政府、3034 个镇政府、19431 个学校特别区政府、35356 个特别区政府，至于联邦成员（即州政府）这一级政府，有的将其称为中间政府。❹ 我国的地方政府与美国的地方政府略有不同。在我国，地方政府是相对于中央政府而言；我国政府层级是中央—省（直辖市、自治区）—市（计划单列市、地级市）—县（县级市）—乡镇的 5 个层级，中央政府是指国务院，而地方政府是指除国务院以外的所有政府，包括省

---

❶ 戴维·米勒，韦农·波格丹诺. 布莱克维尔政治学百科全书 [M]. 北京：中国政法大学出版社，2002：452.

❷ 张紧跟认为，在单一制国家中，中央政府是拥有最高权力的政府，地方政府都是中央政府的下属政府，"中央"与"地方"之间内含着上下隶属的关系。在联邦制国家里，联邦政府与联邦成员政府之间不存在上下隶属关系，即不存在中央与地方关系，联邦政府不是联邦成员政府的中央政府。因此，从词汇意义上看，代表一个国家的全国性政府有两类：中央政府与联邦政府。治理国家部分地域的政府是地域性政府，在有中央政府的情况下，则是地方政府。在联邦制国家内，成员政府在成员地域范围内发挥着类似中央政府的作用，其下辖的地域政府则是地方政府。因此，联邦成员政府对联邦国家而言是一种地域性政府，而就联邦成员自身而言则是中央政府。也就是说，联邦国家的地方政府是指除联邦政府、联邦成员政府外的其他地域性政府。参见张紧跟主编. 地方政府管理 [M]. 北京：北京大学出版社，2015：3.

❸ 张紧跟. 地方政府管理 [M]. 北京：北京大学出版社，2015：3.

❹ 文森特·奥斯特罗姆. 美国地方政府 [M]. 北京：北京大学出版社，2004：2.

（直辖市、自治区）、市（计划单列市、地级市）、县（县级市）、乡镇等四个层级。❶

林尚立（1998）认为，无论单一制还是联邦制，地方政府都具有职能双重性、地位隶属性、权力有限性、决策公众性和职能社会性等特点。❷ 第一，地方政府一般具有双重职能：一方面，地方政府要执行中央政府的政令，此为"执行性职能"；另一方面，地方政府要对其辖区内的事务进行管理，此为"领导性职能"。这种双重职能是由地方政府的政治地位决定的，二者是相辅相成的，但又有所区别：前者是为了推行中央政府的路线、方针、政策，后者是为了促进地方经济社会的发展。第二，地方政府的政治地位具有隶属性，从我国来看，这种隶属性是指地方政府受双重领导和制约，既隶属于同级的立法机关，又隶属于上级的行政机关。❸ 第三，地方政府的权力是有限的，也就是说，地方政府并不享有真正的主权，无论在对内关系上还是对外关系上，地方政府的权力都要受到诸多限制，概言之，这种限制包括两个层面：一是受行政管辖范围的限制；二是受宪法等相关法律和中央政府权力的限制。第四，地方政府对公共事务和公共问题的决策与治理直接影响百姓日常生活，与公众的切身利益有直接相关性，因此其行为必须充分考虑公众的利益，必须充分表达公众利益或维护本地公众利益。第五，地方政府的职能主要是负责本地区的管理与发展，它具有很强的社会性，即管理社会、协调社会、扶助社会和服务社会。

本书所说的地方政府是指"除中央政府以外的所有辖区政府，包括省（直辖市、自治区）、市（计划单列市、地级市）、县（县级市）、乡镇等各个层级的辖区政府"；❹ 它们之间的关系（即地方政府间关系）主要包括我国或我国某地区政府行政体系在内的同级地方政府之间（如江苏省和上海市）的关系，以及不存在行政隶属关系的非同级地方政府之间（如北京市和承德市）的关系。

---

❶ 汪伟全. 地方政府竞争秩序的治理：基于消极竞争行为的研究[M]. 上海：上海人民出版社，2009：14-15.

❷ 林尚立. 国内政府间关系[M]. 杭州：浙江人民出版社，1998：17-18.

❸ 另一种情况是，地方政府只有一重的隶属关系。例如，法国的省政府直接受中央政府的领导、监督和控制，而不受地方议会的监督和控制。参见林尚立. 国内政府间关系[M]. 杭州：浙江人民出版社，1998：17-18.

❹ 汪伟全. 地方政府竞争秩序的治理：基于消极竞争行为的研究[M]. 上海：上海人民出版社，2009：14-15.

（二）地方政府间合作

合作关系与竞争关系是地方政府间关系的主要内容，[1]因此，地方政府环境合作属于"地方政府间关系"的范畴。政府间关系（即府际关系）的概念来源于20世纪30年代的美国。从社会背景来看，当时正值罗斯福新政时期，由于大萧条（The Great Depression）使得社会危机重重，而很多社会问题具有跨域性甚至是全国性，不是单一州政府所能够独自解决的，于是美国开始强调地方政府间的合作；从学术上来看，"府际关系"最早出现在1935年美国的《社会科学百科全书》，但直到20世纪50年代后才得以广泛使用，比较正式的定义是"美国联邦制度中各类和各级政府单位机构的一系列重要活动，以及它们之间的相互作用"。[2]国内关于政府间关系的研究始于20世纪90年代，其中对府际关系的定义也是见仁见智的，较有代表性的学者有林尚立（1998）、[3]谢庆奎（2000）、[4]杨宏山（2005）、[5]陈瑞莲（2002）、[6]张紧跟（2002，2006）[7]等人，但大都强调政府间关系包含着纵向和横向两大类，纵向政府间关系指的是中央政府与地方政府之间的关系、地方上各级政府之间的关系；横向政府间关系指的是不存在隶属关系的各地方政府之间的关系。

更进一步的，地方政府环境合作的落脚点是"合作"；那么，什么是"合作"？不同的学科对"合作"有不同的理解，政治学、经济学、管理学和教育学等多个学科及各自内部纷繁复杂的学术流派都广泛使用"合作"一词，并对其作出了自己的阐释。我国学者孙杰（2015，2016）则从元概念（meta-concept）角度对"合作"进行了颇具启发性的研究，他认为，"合作"是由"合"与"作"两部分组成的复合概念，其中，"合"是元概念，是一个描述主观动机或主观意愿的范畴，但没有主观上的"合"就不会有客观上协调配合的"作"；"作"是"合"的表征，"合"只有通过客观行动的"作"才能得到确认。就此来看，虽然合作是从集体行动中衍化出来的，但合作的逻辑远比集体行动的逻辑深刻，因为合作是自主的协同，集体行动则可能源于单

---

[1] 汪伟全. 地方政府竞争秩序的治理：基于消极竞争行为的研究 [M]. 上海：上海人民出版社，2009：序二.

[2] 施从美，沈承诚. 区域生态治理中的府际关系研究 [M]. 广州：广东人民出版社，2011：25.

[3] 林尚立. 国内政府间关系 [M]. 杭州：浙江人民出版社，1998：1-2.

[4] 谢庆奎. 中国政府的府际关系研究 [J]. 北京大学学报：哲学社会科学版，2000（1）：26-34.

[5] 杨宏山. 府际关系论 [M]. 北京：中国社会科学出版社，2005：1-2.

[6] 陈瑞莲，张紧跟. 试论我国区域行政研究 [J]. 广州大学学报（社会科学版），2002，1（4）.

[7] 张紧跟. 当代中国地方政府间横向关系协调研究 [M]. 北京：中国社会科学出版社，2006：28-29.

纯的共同利益，而无论这种集体行动是否具备协同行动的自主意识。基于此，孙杰（2015、2016）将"合作"定义为"个体间基于对现实利益的考量，以对合作剩余认知和观念建构为基础的一种自觉自愿的、刻意的理性配合行为"。❶

从公共行政学角度看，张康之教授（2007）从后工业社会的高度就"合作"之内涵作出了深刻阐发，他认为：农业社会和工业社会中是不存在真正意义上的合作的，即使有"合作"，也是从属于工具性的要求，因为农业社会以血缘和狭隘的种族观念为基础，而工业社会以竞争为基础。在张康之看来，后工业社会的"合作"是一种生活模式，具有如下特征：第一，作为过程导向的行动，合作具有明确的方向，且是一个连续性过程；第二，合作各方不应单纯考虑己方从合作中能得到什么，而应该考虑合作的总收益；第三，合作作为一种共同行动，合作各方是具有独立性的人；第四，合作是作为合作网络的客观要求，而不是个人从私利出发的行为计算；第五，合作首先是一种道德行为，其次才是法律行为；第六，合作是一种自主性行为；第七，合作是目的是人类的本质特征。❷

综合已有研究，本书认为，地方政府环境合作有着以下几个特征：

第一，地方政府合作的出发点是建立在各方对现实利益的考量，因此具有自觉性。尽管合作理念的建构对于地方政府合作不可避免，但是理念并非"无本之木""无源之水"，而是建立在对现实利益的权衡基础之上的，也就是将地方政府合作建立在对自身利益的感知和行为的自主性上。从经济学的角度看，合作追求的就是经济利益；从国际关系的角度看，合作追求的就是国家利益；从公共选择学的角度看，地方政府参与合作是为了获得合作剩余，这种考量无论是出自现实主义的考量还是理性主义的分析，都不应该是外部强制的结果；而随着各方追求利益的变化，合作行为、合作模式、合作机制等都需要随时调整。

第二，地方政府合作的过程应该被视为一种对冲突或潜在冲突的治理，因此具有妥协性。任何合作都不应该被视为一种没有冲突的状态，相反是存在着博弈的，是一种建立在共同利益和合作共识基础上的、避免冲突的妥协。在现实的社会生活中，无论是作为地方政府领导者的个人还是地方政府组织，都不具有完全信息，而且只要把合作主体作为具有独立利益的人格来看待，那么各方的利益就存在着差异性，因此冲突或潜在冲突是难以避免的，这就

---

❶ 孙杰．不对称合作：理解国际关系的一个视角［J］．世界经济与政治，2015（9）：122-146；孙杰．合作与不对称合作：理解国际经济与国际关系［M］．北京：中国社会科学出版社，2016：199-202.

❷ 张康之．论合作［J］．南京大学学报（哲学·人文科学·社会科学），2007（5）：114-125.

需要各方在理性认知的基础上，做出相应的妥协。

第三，地方政府合作的结果具有公共性，这主要体现在地方政府在各个领域的合作收益或合作利益的总体性和公共性上。在区域一体化迅猛发展的今天，无论是提供区域公共产品或解决区域公共问题，地方政府都要将它们之间的合作视为区域一体化过程本身或区域一体化部分内容来看待。❶

基于以上分析，本书将"地方政府合作"界定为：同级地方政府之间以及不存在行政隶属关系的非同级地方政府之间基于现实利益考量的驱动，以对合作剩余认知和观念建构为基础的理性协同行为。

三、利益与利益博弈

利益的界定是利益分析方法的逻辑前提，只有明确了利益的概念，才能明晰利益博弈和利益协调的内容指向，进而构建起跨界公共问题的利益分析框架。❷

（一）利益关系

利益问题是思想史上的古老课题，并贯穿于人类生存和发展的过程中。学术界对于"利益"的概念众说纷纭，但大多数人认为利益与需要有着不可分割的联系，因此，对"利益"概念的界定可以通过分析其与需要的联系来实现，但是不同的学者侧重点又有所不同。❸ 概括来讲，学术界的观点可以分为四类：其一认为利益是需要的明确化，需要包括利益但利益并不必然包含需要，利益是涉及人的生存与发展等根本内容且凭借一定社会关系来呈现出来的需要；其二认为利益是需要的满足，作为主观条件，需要与社会关系、社会实践等一起构成了利益的自然基础与社会基础；其三认为利益是一种社会关系，更具体地说是主体能动性的对待能够满足其需要的客体，并借助客体来满足其需要的活动；其四认为利益是主体确认、创造与获取能够满足其需要的对象的活动。综合来看，利益就是人们为了生存、享受与发展所需要的客观条件。❹

本书更倾向于王浦劬教授对利益的界定。❺ 按照王浦劬教授的研究，利益源于人们的需要，需要是人类天然的欲求，但需要本身并不能自动完成，必须借助于一定的手段与方式。于是，人们结成了各种各样的社会关系来实现

---

❶ 黄爱宝. 论走向后工业社会的环境合作治理 [J]. 社会科学，2009（3）：3-10.
❷ 陈庆云，鄞益奋. 论公共管理研究中的利益分析 [J]. 中国行政管理，2005（05）：35-36.
❸ 张玉堂. 近年来利益问题研究综述 [J]. 哲学动态，1998（04）：5-6.
❹ 陈庆云，鄞益奋. 论公共管理研究中的利益分析 [J]. 中国行政管理，2005（5）：35-36.
❺ 王浦劬. 政治学基础（第三版）[M]. 北京：北京大学出版社，2014：45-51.

自身的需要，从这个角度来说，社会关系建立在人与需要的关系基础之上，这种获得了社会内容与社会特性的需要就是"利益"。

一般意义上说，利益关系即不同利益之间的相互关系。当然，由于人们在利益分类中所采用的标准不同，不同的利益也就有不同的划分，[1] 就作用方向而言，利益关系包括利益主体之间两个方面的利益联系：一方面是同一层次的利益主体之间的利益联系（个人与个人之间、同一层次的社会群体之间以及社会与社会之间）；另一方面即不同层次上利益主体之间的利益联系（个人利益与群体利益之间、不同层次的社会群体之间以及个人利益、群体利益和社会利益之间）。总之，利益关系就是这样一个纵横交错的社会联系结构网络。[2]

（二）利益博弈

从直观上看，"利益博弈"的概念是在"博弈"之前加上"利益"作为限定修饰性词语，本书之前已经对"利益"进行了界定，剩下的问题就是如何理解"博弈"了。博弈古已有之，但对博弈进行学术研究，特别是运用数学工具对其进行研究则是最近几十年的事情，其成果就是"博弈论"。

博弈论（Games Theory）最早由美国经济学家冯·诺依曼于1937年提出，1944年其在与奥斯卡·摩根斯特恩合著的《博弈论与经济行为》中对博弈论的概念、一般框架及表述方法进行了系统的阐述并将其应用于经济领域，形成了有关这一学科的基础理论体系，标志着博弈论的初步形成。博弈论包括的要素有局中人、行动、信息、战略、支付函数、结果及均衡。局中人指的是博弈对局中的参与主体，其追求的是通过行动的选择以实现自身效用最大化；行动指的是局中人的决策变量；信息指的是博弈局中人对其他参与主体及其行动特征的了解与认知；支付函数指的是博弈局中人从博弈对局中所获得的效用水平；结果指的是博弈分析者对其感兴趣的要素的集合体；均衡指的是所有博弈对局的参与者的最优战略或行动的组合。博弈论研究的是有关独立及相互依赖的决策制定的相关理论，其要回答的基本问题是决策主体在相互依存的前提下双方所采取的策略及决策间的均衡问题，其追求的最终结果是博弈双方达到利益最大化的均衡。

基于以上分析，我们可以对"利益博弈"作出如下界定：所谓"利益博弈"指的是一方利益主体（博弈局中人）的行为会影响其他利益主体（另一

---

[1] 常见的有按照构成内容划分（物质利益与精神利益）、按照存在领域划分（政治利益、经济利益、文化利益）、按照实现时间划分（眼前利益与长远利益）等。

[2] 王浦劬. 政治学基础（第三版）[M]. 北京：北京大学出版社，2014：51-54.

方博弈局中人）的利益，也可以说，此利益主体需要的满足也会受到其他利益主体行为的影响；总之，各利益主体之间的利益关系是竞争或竞合的状态。因此，在博弈对局中，任何一个理性利益主体的决策必是基于对其他利益主体决策的预测后所作出的反应。一方利益主体站在其他利益主体的角度考虑他们的决策进而根据这种预测及判断决定己方最理想的行动策略，这是利益博弈的本质所在。

在跨域环境治理中，各利益主体产生利益博弈的前提是各利益主体之间以及它们与共同利益之间的差异，这种利益差异会导致两个方面的利益博弈：一方面是横向利益博弈，即同一层次上不同利益主体之间的博弈；另一方面是纵向利益博弈，即不同层次上的利益主体的利益之间的博弈。

（三）利益协调

利益协调是对不同利益主体的利益关系进行调整使其达到协同配合的结果。利益协调的前提是利益相关性，也就是利益矛盾和共同利益的存在：如果没有利益矛盾或利益差别，也就没有利益协调的必要性；如果没有共同利益，也就不存在利益协调的可能性。由于利益关系存在横向与纵向两个方面，所以利益协调也包括两个方面，即横向利益协调（同一层次上不同利益主体之间利益关系的协调）与纵向利益协调（不同层次上的利益主体之间利益关系的协调）。

利益协调机制是各利益相关方通过组织、制度、政策等形式进行利益调节的机制，其本质是为解决不同利益主体的需求而设立的调节方式。按照作用领域，利益协调机制可以被区分为四种：经济协调、政治协调、法律协调和道德协调。❶ 从已有研究来看，关于跨域环境治理中利益协调机制的研究较多，但大多数研究没有细化，对特定利益协调机制（如横向生态转移支付）的实施主体、实施原则、实施理念、具体内容等方面还有很大研究空间，且已有利益协调机制大多集中在法律协调和政治协调，对全方位的利益协调机制探讨不够丰富。

第二节 理论基础

区域公共治理理论致力于区域公共问题的解决，而跨域环境问题作为区域公共问题的一类，区域公共治理理论自然是其重要的理论来源；跨域环境

---

❶ 陈敏昭，晋一．论利益协调机制的重构［J］．现代经济探讨，2007（4）：15-19．

问题出现并长期得不到根本解决的原因在于人为划定的行政区界限割裂了生态系统天然的整体性。从治理的意义上来说，跨域环境问题亟须整体性治理，这种整体性治理从本质上要求人类的治理行动克服行政区划限制，实现各行政区间的统一行动；即使跨域问题为各行政区所面临的共同问题，各行政区间存在治理的共同利益，但是由于地方政府行为的自利性，集体行动仍难以达成，合作困境无法避免；地方政府作为行政区间合作的行动主体，是多元利益的代表，而跨域环境问题本身也涉及多个利益相关者，因此，利益相关者理论也是分析跨域环境治理中地方政府行为的重要理论基础。

一、区域公共治理理论

跨域环境治理属于区域公共治理的研究范畴，而区域公共治理是区域公共管理在新的时代背景下的嬗变，因此，区域公共管理的研究是跨域环境治理研究的必要理论来源。区域公共问题是区域公共管理研究的逻辑起点。简单来说，区域公共管理是以区域公共问题为研究对象，进而对区域公共事务进行跨界治理的公共管理活动。❶ 区域公共管理研究的兴起缘于全球化下区域主义的崛起、经济市场化条件下激烈的区域竞争以及日益涌现的区域公共问题，特别是区域公共问题的"跨界性"使得单个行政区政府由于传统的属地管理的局限性而无法对区域公共问题进行有效治理，区域内地方政府间合作是区域公共管理的本质要义，即区域内各行政区政府就某一区域公共问题进行合作治理。从内容上看，区域公共管理的研究领域较为广泛，包括基础理论研究、地方政府间关系研究、区域公共产品和服务的供给研究，行政区划理论研究、区域公共管理的比较及个案研究等。

在区域公共问题的治理过程中，公民和非营利组织的参与逐渐拓展，政府间的横向合作关系日益加深，于是区域公共管理经历了向区域公共治理的"增量"嬗变。❷ 从我国来看，区域公共治理研究的重要内容就是跨域公共问题治理，包括但不限于跨界大气污染治理、跨界水污染治理、跨域公共危机管理等。从研究思路来看，已有研究大多是从跨域公共问题治理的现实诉求对"行政区行政"和"地方政府竞争"等客观限制的冲击开始分析、展开的，具体来看：对于跨界大气污染问题而言，空气的跨域流动性与传统的行政区行政造成了大气污染治理的负外部性及"搭便车"难题，区域内各地方

---

❶ 高建华. 论区域公共管理的研究缘起及治理特征 [J]. 前沿, 2010 (19): 177-180.
❷ 陈瑞莲, 杨爱平. 从区域公共管理到区域治理研究：历史的转型 [J]. 南开学报（哲学社会科学版）, 2012 (2): 48-57.

政府间的合作难以达成，集体行动困境由此产生；对于跨界水环境治理问题，流域污染的流动性与河流上下游的行政管辖权分属造成了流域污染治理的集体行动困境，如何构建起较为合理的流域生态补偿机制、水环境污染的问责机制、流域内地方政府间绩效评价机制等是目前我国跨域公共治理研究的重要内容；对于跨域公共危机如重大环境污染事件、重大公共安全事件等，地方政府间的跨域合作不可避免，建立起公共危机的跨域治理机制对于应对这类重大突发事故十分必要，这也是我国学术界关注的重点内容。

此外，区域公共治理的研究领域不仅包括跨域公共治理，还包括大都市区和城市群的治理研究、府际竞争与合作研究、区域契约行政研究、区域性公民社会研究以及区域治理的比较研究等多个领域。[1] 可以看出，区域公共治理理论在我国的应用比较广泛。当然，本书只关注其在跨域环境治理中的应用。

二、整体性治理理论

作为一种新型的政府改革治理模式，整体性治理被视为"后新公共管理"的改革趋势，其价值在于针对分割化和碎片化问题架构其新的政府管理模式和运作机制。这种以协调和整合为核心的治理方式为地方政府合作提供了重要思路。

对于整体性治理（Holistic Governance）的概念，学术界从不同角度进行了界定和论证。挪威奥斯陆大学政治学系的汤姆·克里斯滕森教授（Tom Christensen）等从整体政府的角度对整体性治理进行了分析，并从结构、文化、迷思三个视角进行了阐释，特别是从结构视角来看，整体性治理应该是各级政府组织更好地团结协作；[2] Perri（2002）从政策、规则、服务供给、监控等过程的整合理解"整体性治理"，这种治理形态既体现在政府、私人部门与非政府组织之间，也体现在不同层级政府之间或同一层级政府内部，还可以体现在政府的不同职能之间。[3] Tom Ling（2002）从新的组织结构形式（即组织内部合作）、新工作方式（即跨组织部门）、新的责任和激励机制（即对上承担责任，组织目标自上而下设定）和新的服务供给流程（满足公

---

[1] 陈瑞莲，杨爱平．从区域公共管理到区域治理研究：历史的转型［J］南开学报（哲学社会科学版），2012（2）：54-57.

[2] Christensen T，等．后新公共管理改革——作为一种新趋势的整体政府［J］．中国行政管理，2006（9）：83-90.

[3] Perri. Towards Holistic Governance: The New Reform Agenda ［M］. New York: Palgrave, 2002: 28-31.

民需求）四个维度来理解"整体性治理"；❶ 克里斯托弗·波利特（Christopher Pollitt）等从政府治理模式的角度进行理解，这种观点认为"整体性治理"应当满足横向协调与纵向协调两个方面的要求。❷

从理论内涵来讲，整体性治理首先强调以问题或项目为导向，同时强调以治理结果为核心，即行政问题的预防、人民问题的完整快速解决、行政效率的提高和合理的政府运作机制；其次强调政府的责任感，即诚实运用公款、以最小投入获得最大产出和达到公开公布的标准；最后强调地方政府间协作制度的建立，这包括中央政府主导型的地方政府协作制度和地方政府主导型的地方协作制度两大类。❸

对整体性治理理论的应用（也可以视为整体性治理理论的现实源泉）是西方国家的"协同型政府"（Joined-Up Government）改革（与其相对立的是"竞争性政府"），这一改革始于英国，随后，澳大利亚、新西兰、加拿大和美国都开始设立相应改革目标，尽管不同国家的改革被冠以不同的名称。❹ 整体政府改革的本意在于既发挥市场机制的资源配置作用以提高效率，又倡导通过协调、整合的方式以实现公平，最终目的是在信息时代打造一个更加侧重结果导向、顾客导向、合作与有效的新型政府。❺

综合学术界观点，笔者认为，整体性治理的总体特征就是强调地方政府间的跨界合作，即通过协调或整合现有地方政府的行动以提供整体化的公共服务；而为了实现跨界合作，就要对地方政府的治理理念、组织机构、运行机制和技术系统进行整合。❻ 对于跨域环境治理而言，整体性治理既可以存在于不同政府层级的纵向利益环境中，也可以存在于同一政府层级的横向利益环境中，在实践中纵向与横向协作活动相互重叠，倾向于强调地方政府合作治理环境事务的过程。

三、集体行动理论

自 20 世纪 50 年代末至 60 年代初公共选择理论兴起和发展以来，其关注

---

❶ Ling Tom. Delivering joined-up government in the UK: dimensions, issues and problems [J]. Public Adminnistration, 2010, 80 (4): 615-642.

❷ 克里斯托弗·波利特，等. 公共管理改革：比较分析 [M]. 夏镇平，译. 上海：上海译文出版社，2003：11-12.

❸ 汪伟全. 地方政府合作 [M]. 北京：中央编译出版社，2013：63-66.

❹ 澳大利亚和新西兰称其为"整体型政府"，加拿大称其为"水平政府"，美国称其为"协同政府"。

❺ 汪伟全. 空气污染的跨域合作治理研究——以北京地区为例 [J]. 公共管理学报，2014 (1)：55-64.

❻ 胡佳. 跨域环境治理中的地方政府协作研究 [D]. 上海：复旦大学，2010 (6)：46-49.

点主要集中在传统经济学不关注的非市场决策问题上,即集体行动问题,公共选择理论自产生起就以"经济人"作为其基本的行为假定,公共行动的参与者也是追求利益最大化的,没有个体理性的所谓公共利益是不存在的。康芒斯的《集体行动经济学》、布坎南与卡洛克的《同意的计算》及奥尔森的《集体行动的逻辑》从不同程度对集体行动问题进行了探讨,尤其是奥尔森,他用经济学的个体理性假设来分析社会政治现象,为之后集体行动的研究打开了新的大门。

一般认为,奥尔森正式提出并系统地论述了集体行动逻辑的理论内涵及实践意义,他认为,集体行动逻辑指的是理性的、自利的个人不会采取行动以实现共同的集团利益,除非集团中人数很少,能够采取某种强制手段促使个人按照集体的利益行动,而所谓"集体行动的困境"指的就是现实生活中一个无法回避的矛盾——个体的理性导致集体的非理性。

Richard C. Feiock 教授(2013)[1] 在此基础上提出了著名的制度性集体行动框架,他认为制度性集体行动困境源于行政权威的分散性,某一行政辖区内政府的决策会影响到其他辖区的政府决策,这种碎片化行政权威下决策的"外部性"造成了区域内地方政府合作的集体行动困境,而制度性集体行动困境的治理机制则根据问题的范围及权威的强制性有多种分类,行动者在不同的合作风险下参与某一合作治理机制的动机在于成本最小化及收益最大化,合作风险的大小由区域公共问题的性质,合作各方的组成及制度环境决定。

集体行动理论能够对跨域环境治理中地方政府的行为逻辑作出合理解释,各行政区地方政府在跨域环境治理中的理性行为会导致区域生态环境的恶化,在跨域环境治理中,各地方政府都是理性经济人,其行动目标是追求自身利益的最大化,于是,"搭便车"的行为便不可避免,每个地方政府都寄希望于他人来投入治理成本,而自己可以分享生态治理的成果,如一些地方政府利用大气、河流的流动性特征默许,甚至纵容本地废气或污染水源转移至邻近地区,最终造成区域生态环境的整体恶化。

四、利益相关者理论

地方政府合作即是不同利益主体之间相互博弈、妥协与谈判的过程,而作为一种制度安排和运行机制,地方政府合作机制就是要协调不同利益相关

---

[1] Richard C. Feiock. The institutional collective action framework [J]. The Policy Studies Journal, 2013 (3): 397-398.

者之间错综复杂的利益关系。因此,利益相关者理论也是分析地方政府合作的重要理论基础。

"利益相关者"概念最早出现在经济学中,后被引入管理学中。自20世纪70年代以来,以弗里曼(Freeman)、多纳德逊(Donaldson)、布莱尔(Blair)、米切尔(Mitchell)为代表的学者提出了利益相关者产权理论,从而使得利益相关者思想系统化和理论化,因此,利益相关者理论大多被用于企业理论和公司治理研究当中。那么,到底什么是"利益相关者"?一般认为,在公司治理当中,公司股东、管理层、工人、供应商与分销商都是利益相关者,他们之间的利益关系影响公司运营的绩效;后来,弗里曼(1984)将利益相关者概念广义化,社区、政府、非政府组织等均视为影响公司治理的利益相关者,即"那些能影响企业目标的实现或被企业目标的实现所影响的个人或群体"都是利益相关者;❶ 米切尔等(1997)认为,利益相关者必须具备三个条件,即影响力、合法性和紧迫性。❷

有效识别利益相关者是进行地方政府合作研究的前提,而对相关利益主体进行利益分析则是地方政府合作研究的关键。但利益相关者理论的一个缺陷就在于缺乏对利益相关者参与基础的系统理论,笔者赞同这样一种看法:在地方政府的跨界合作中,基于合作内容的复杂性与多样性,相关利益主体会发生变化,相关利益主体可能会发生进入与退出,因此对利益主体进行利益分析是一个复杂的过程。❸ 那么,与地方政府合作的利益相关者都有哪些呢?根据已有研究(汪伟全,2013),地方政府合作进程中的利益相关者指的是能够对地方政府合作产生影响或者受地方政府合作影响的各级政府(包括中央政府和地方政府)、辖区居民、企业及区域合作组织等。❹

---

❶ R. 爱德华·弗里曼. 战略管理:利益相关者方法 [M]. 王彦华,梁豪,译. 上海:上海译文出版社,2006:20-21.

❷ Mitchell R. A, Wood D. Toward a Theory of Stakeholder Identification and Salience: Defining the Principle of Who and What Really Counts. Academy of Management Review [J]. Academy of Management Review, 1997, 22 (4): 853-886. 其中,影响力指某一群体是否拥有影响企业决策的地位、能力和相应的手段;合法性指某一群体是否被法律和道义上赋有对企业拥有的索取权;紧迫性指某一群体的要求能否立即引起企业管理层的关注。

❸ 刘淑妍. 公众参与导向的城市治理:利益相关者分析视角 [M]. 上海:同济大学出版社,2010:74-77.

❹ 本书对地方政府合作进程中利益相关者问题的探讨主要参考了汪伟全的相关研究,特致谢忱,文责自负。具体参见汪伟全. 地方政府合作 [M]. 北京:中央编译出版社,2013:56-58.

第三节　分析框架

本书以跨域环境治理为研究问题，以地方政府合作为研究对象，以利益分析为基本研究方法，构建起一个地方政府合作的利益分析框架。跨域环境合作治理中，包括共同利益在内的合作需求，均为地方政府间合作生成的前提条件，但合作需求仅是合作的必要而非充分条件，作为理性经济人的地方政府基于成本收益考量而做出的行为选择有可能导致合作困境，这种困境表现为达成合作难、协议执行难与执行监督难。从博弈论视角观察，地方政府在不知晓其他地方政府"合作"或者"背叛"策略的情形下，出于对自身利益的考虑，其占优策略必然是"背叛"，此即合作困境形成的内部机理。地方政府"背叛"策略的选择有着深层诱因，行政区行政为地方政府"背叛"策略埋下了体制诱因，而利益矛盾与冲突则是其"背叛"策略选择的内在根源。破解合作困境的关键在于对横向地方利益进行协调，包括横向利益协调平台的构建，横向利益协调原则的确立与横向利益协调路径的优化三部分内容。

图1.1展示出了本书主要变量之间的关系，概括来说，利益分析是跨域环境治理与地方政府间关系的分析中介，跨域环境治理中地方政府间建立起利益关系，产生包括共同利益在内的合作需求，但是横向利益矛盾与冲突导致跨域环境治理中的地方政府合作困境产生，要想达成合作行动，需要对横向地方利益进行协调，这是跨域环境合作的主要实现路径。但是作为一个闭合的分析框架，跨域环境治理中的地方政府合作还受到外部制度环境、合作主体间认同等多个影响因素的制约。

本章小结

本章详细分析了本书的三组核心概念，其中，跨域环境治理主要是指某一区域内互不统辖的行政区间，为了满足区域内全体或大多数社会成员的需求，以协商、合作、协调、伙伴关系的建立等方式，对跨越两个及两个以上行政辖区的环境公共事务进行治理，最终达到区域内各方主体共同受益的目的；地方政府合作的界定是从"合作"的元概念展开的，指的是同级地方政府之间基于现实利益考量的驱动，以针对合作剩余认知和观念建构为基础的理性协同行为。利益的界定是利益分析方法的逻辑前提，只有明确了利益的

第一章 基本概念、理论基础与分析框架

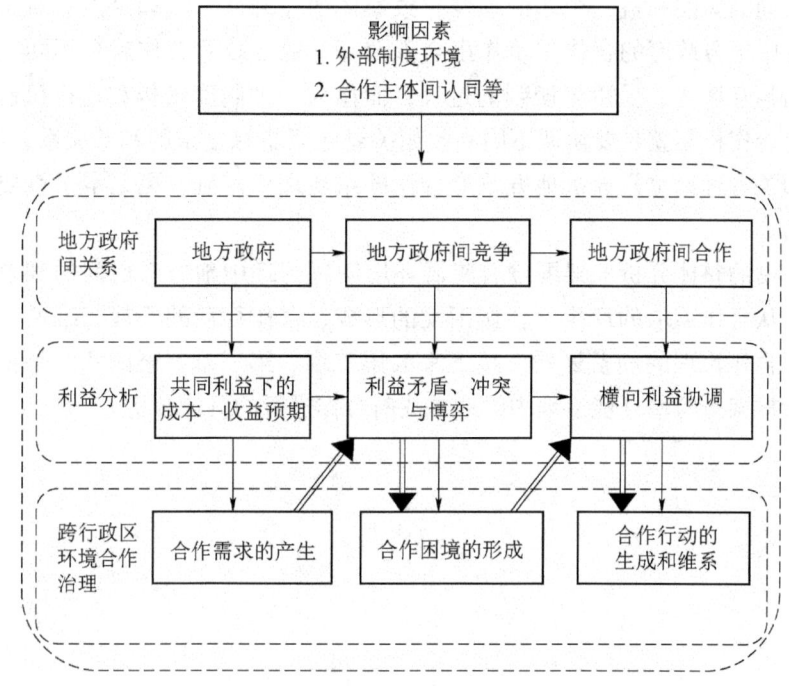

图 1.1 本书主要变量之间的关系

概念,才能明晰利益博弈和利益协调的内容指向,本章将"利益"界定为"获得了社会内容与社会特性的需要",是不同利益之间的相互关系,每个行为主体都处在一个纵横交错的利益关系网络之中;"利益博弈"的概念是在"博弈"之前加上"利益"作为限定修饰性词语,本书借鉴博弈论将其界定为"一方利益主体的行为会影响其他利益主体的利益";"利益协调"则是对不同利益主体的利益关系进行调整使其达到协同配合的结果。

在理论来源部分,本书主要参照区域公共治理理论、整体性治理理论、集体行动理论和利益相关者理论。跨域环境治理属于区域公共治理的研究范畴,而区域公共治理是区域公共管理在新的时代背景下的嬗变,因此,区域公共管理的研究是跨域环境治理研究的必要理论来源。区域公共问题是区域公共管理研究的逻辑起点,简单来说,区域公共管理是以区域公共问题为研究对象,进而对区域公共事务进行跨界治理的公共管理活动。整体性治理的总体特征就是强调地方政府间的跨界合作,即通过协调或整合现有地方政府的行动以提供整体化的公共服务;而为了实现跨界合作,就要对地方政府的治理理念、组织机构、运行机制和技术系统进行整合。集体行动困境理论是奥尔森提出的经典理论,其基本内涵是理性的、自利的个人不会采取行动以

实现共同的集团利益，个体的理性导致集体的非理性；该理论能够对跨域环境治理中地方政府的合作困境作出合理解释。地方政府合作就是不同利益主体之间相互博弈、妥协与谈判的过程，而作为一种制度安排和运行机制，地方政府合作机制就是要协调不同利益相关者之间错综复杂的利益关系，因此，利益相关者理论也是分析地方政府合作的重要理论基础，更是本书重要的研究视角。

  本书的整体分析框架围绕着跨域环境问题治理中地方政府间的利益关系展开，从合作需求的产生、合作困境的形成、合作行动的开展与维系三个方面探究合作治理的利益逻辑。接下来的第二章、第三章、第四章即是依循上述分析框架对跨域环境治理中的地方政府合作进行的具体分析。

第二章
跨域环境治理中的合作主体与合作需求

库尔特·考夫卡认为，人的行动总是受制于行动所发生的场域，同样，地方政府的合作行动也受制于合作领域的内在特性。在本书中，地方政府合作行动所发生的场域是跨域环境问题治理领域，为了加深对该领域内在特性的认知，笔者对我国当前跨域环境污染及治理的现状进行了概括性的介绍。作为合作主体，地方政府并不是抽象的个体，而是处在复杂的利益关系之中，即地方政府既是地方公共利益、地方政府组织利益及地方官员利益在内的多种利益的复杂综合体，同时还受到央地关系这一外部制度环境的制约。地方政府之间存在着合作治理跨域环境问题的需求，这种合作需求的产生依赖于三个条件：一是地方政府之间存在资源与要素的匹配性；二是地方政府有着对共同利益的认知；三是地方政府对合作有明确的成本收益预期。总之，地方政府只有在清晰地认识到合作治理的必要性与可能性，并且预期合作治理收益大于成本的情况下，才会决定下一步的合作行动。

第一节　合作发生场域：跨域环境治理

作为社会学的主要概念之一，场域指的是"一种具有相对独立性的社会空间"❶，这种相对独立性是区分不同场域的标志。跨域环境治理中的地方政府合作与其他场域下的地方政府合作相比，有共性也有其个性所在，因此，有必要对跨域环境污染及治理现状进行描述，以确定其发生的场域。

一、跨域环境污染的现状

跨域环境污染，指的是区域内某一行政区的污染物质对另一个行政区产

---

❶ 李全生. 布迪厄场域理论简析 [J]. 烟台大学学报（哲学社会科学版），2002（2）：146-150.

生有害的后果。跨域环境污染产生的原因体现在两方面：一是天然污染，即来自大自然地壳运动对生物圈的破坏；二是人为污染，即由于人类的生产生活活动所人为产生的污染，这类污染是人类个体利益需求的产物，局部环境因此受到破坏并对周围人群正常的生产生活造成影响和破坏。本书针对的仅是人为造成的跨域污染问题，如以河流污染为代表的水污染、以雾霾为代表的大气污染、固体废弃物的跨界转移污染等，其中最为典型的跨域环境污染是区域性大气污染和区域性水污染（或称流域水污染）。

首先看区域性大气污染。雾霾是悬浮在大气之中，无法为人类肉眼识别的微小尘粒、烟粒等的集合体。雾霾会使空气变得浑浊，将空气能见度降低到 10 千米以下，并且达到一定浓度后会对人体健康造成危害，1952 年，英国伦敦出现的持续性雾霾引起了西方国家的高度重视，英、美等国家相继出台了空气清洁法案，为保护空气质量做出了不懈的努力。雾霾微粒中的一些微小颗粒如 PM2.5 通过呼吸道能够直接进入人类肺腔及血液，如何控制 PM2.5 的浓度成为大气污染治理的一项重要议题。20 世纪 90 年代以来，随着工业化、城市化及区域一体化进程的加快，我国污染物排放强度增加，并且在不同城市及地区间流动、转移及扩散，大气污染的形势愈发严峻，2013 年 1 月我国爆发了持续长达 11 天、影响面积高达 270 万平方公里的大面积持续性重污染天气，2014 年 2 月再次出现类似重污染天气，这一系列重污染天气背后反映出我国大气污染的跨区域、复合型特征明显，其中京津冀、长三角、珠三角等 13 个重点区域的单位面积污染物排放强度高于全国平均水平的三倍之多。以京津冀区域为例，京津冀地区环渤海核心地带是我国综合实力最强的区域之一，京津冀与长三角、珠三角共同构筑起我国经济发展的坚实基础，但是与其经济优势相伴而生的还有每年灰霾天数在 100 天以上的严重大气污染，2020 年上半年发布的《2019 中国环境状况公报》显示，全国 168 个重点城市中，空气质量排名最差的 20 个城市中京津冀占了 5 个席位，依次是邢台、石家庄、邯郸、唐山、保定，京津冀及其周边地区 PM2.5 平均浓度是国家二级标准的 1.6 倍左右，区域空气重污染天气时有发生。❶

以京津冀为重点控制区域的大气污染问题的严重性显而易见，当前的大气污染已经从局部性、单一性污染转化为跨区域、复合型大气污染，受污染的空气会扩散至相邻区域，单个省份或城市无法从根本上解决问题，此外，不同行政区划间界限严格，横向上的联系由此被割裂，一体化战略

---

❶ 生态环境部生态环境监测司. 一图读懂《2019 中国生态环境状况公报》[EB/OL]. (2020-06-03) [2021-06-12]. http：//www.cenews.com.cn/photos/202006/t20200603_944682.html.

的实施仅停留在口号上,因此,对区域大气污染问题进行区域间联防联控迫在眉睫。

接下来看区域性水污染。随着工业污染物及城市生活污染物排放量的增加,我国河流污染日益严重,跨域水污染问题越来越突出。跨域水污染不光对区域内经济社会的发展造成了损害,还有可能引发群体性事件,不利于和谐社会的构建。跨域水污染可以分为多向污染和单向污染:多向污染指的是两个及两个以上行政区间的互相污染;单向污染指的是某一行政区总能单向地向另一行政区转移污染,反之则不能。多向污染可以通过负外部性的相互制约实现污染的共同治理,跨域水污染的难点在于单向污染,如表 2.1 所示。

表 2.1 2004—2013 年全国河流水质状况评价结果

年份		2004	2005	2006	2007	2008	2009	2010	2011	2012	2013
全国(%)	Ⅰ-Ⅲ类	59.4	60.9	58.3	59.5	61.2	58.9	61.4	64.2	67.0	68.6
	劣Ⅴ类	21.8	21.3	21.8	21.7	20.6	19.3	17.7	17.2	15.7	14.9

(数据来源:根据 2005—2014 年《中国统计年鉴》及《中国环境年鉴》整理而来)

从我国水污染的总体来看,从 2005—2014 年《中国统计年鉴》相继公布的《流域分区河流水质状况评价结果》中可以看出,全国Ⅰ-Ⅲ类水质 2009 年后占评价河长百分比在逐年增加,劣Ⅴ类水质一直呈现降低趋势,2006 年后显著降低,如表 2.2 所示。

表 2.2 2004—2013 年全国流域分区河流水质状况评价结果

年份	松花江(%)		辽河(%)		海河(%)		黄河(%)	
	Ⅰ-Ⅲ类	劣Ⅴ类	Ⅰ-Ⅲ类	劣Ⅴ类	Ⅰ-Ⅲ类	劣Ⅴ类	Ⅰ-Ⅲ类	劣Ⅴ类
2004	39.1	21.9	31.9	43.7	40.9	51.1	45.9	23.7
2005	38.6	19.4	36.0	39.5	40.2	53.6	40.0	31.2
2006	34.2	20.3	37.5	41.6	30.5	54.6	41.6	30.9
2007	47.0	19.3	39.6	41.7	27.6	57.1	43.6	33.8
2008	47.0	21.5	46.0	30.1	35.2	51.9	39.2	36.8
2009	36.3	18.0	42.6	37.0	35.3	51.5	44.0	31.8
2010	50.8	19.2	41.7	34.0	37.2	48.2	42.5	33.9
2011	57.5	17.3	48.8	24.2	36.2	51.0	49.4	28.5

续表

年份	松花江（%）		辽河（%）		海河（%）		黄河（%）	
	Ⅰ-Ⅲ类	劣Ⅴ类	Ⅰ-Ⅲ类	劣Ⅴ类	Ⅰ-Ⅲ类	劣Ⅴ类	Ⅰ-Ⅲ类	劣Ⅴ类
2012	56.9	12.3	44.1	27.2	34.6	46.1	55.5	27.4
2013	52.7	9.9	54.8	20.6	33.3	48.1	60.1	25.0

年份	淮河（%）		长江（%）		太湖（%）		珠江（%）	
	Ⅰ-Ⅲ类	劣Ⅴ类	Ⅰ-Ⅲ类	劣Ⅴ类	Ⅰ-Ⅲ类	劣Ⅴ类	Ⅰ-Ⅲ类	劣Ⅴ类
2004	31.0	41.5	72.4	15.6	5.7	62.8	70.1	12.8
2005	31.6	39.4	72.5	14.3	8.9	63.4	71.0	16.3
2006	35.3	38.1	67.0	15.3	11.8	62.9	71.0	15.5
2007	37.8	34.1	66.9	14.8	14.2	64.3	69.4	14.7
2008	39.4	31.2	69.1	14.4	14.8	55.7	67.6	14.3
2009	38.9	24.4	63.7	14.9	11.8	50.6	67.3	11.0
2010	38.9	22.2	67.4	13.4	13.6	40.8	70.0	9.9
2011	38.0	24.4	70.4	12.5	16.5	43.5	73.6	9.2
2012	36.8	23.9	74.7	12.1	18.7	36.5	83.2	7.1
2013	38.6	23.5	74.4	11.6	20.3	27.8	86.7	6.0

（数据来源：作者根据2005-2014年《中国统计年鉴》及《中国环境年鉴》自制）

具体到各大水系来看，海河劣Ⅴ类占比最高，近些年来逐渐降至50%以下，太湖其次，珠江水系水质最好，Ⅰ-Ⅲ类水质占比近些年来高达80%；松花江流域2011年后Ⅰ-Ⅲ类水质占评价河长百分比逐年降低，劣Ⅴ类在2010年占比达到19.2%，2010年发生了吉林化工原料桶流入松花江事件，受此影响，松花江吉林省段水质变差。此外，辽河与海河劣Ⅴ类水质2011年之后均出现不同程度的反复；根据《2017中国生态环境状况公报》，长江、黄河、海河、淮河、辽河、珠江、松花江七大流域与西北诸河、西南诸河、浙闽片河流的Ⅰ-Ⅲ类水质断面比例达到71.8%，较2016年上升了0.6个百分点；劣Ⅴ类水质比例较2016年下降了0.7个百分点，占8.4%。其中，西北与西南诸河水质检测结果为优，长江、珠江与浙闽片河流水质检测结果为良，黄河、淮河、辽河、松花江流域属于轻度污染，海河流域为中度污染。而在112个重要湖泊与水库中，达到Ⅰ-Ⅲ类水质的湖泊占比为62.5%，劣Ⅴ类占比10.7%，其中，太湖流域为轻度污染，巢湖为中度污染，滇池为重度污染。整体来看，与以前相比较，各大水系、各区域河流水质有了很大改善，但省界河段水质、太湖海河流域水质仍处于中度污染、重度污染的状态,辽河水系水质出现了一定程度的反复。

二、跨域环境污染的治理

从当前我国流域及大气污染的治理现状看,跨域环境治理中的地方政府合作效果还不够理想,这样的发生场域决定了地方政府合作条件与机制还有待进一步完善,为了形成跨域环境治理中的地方政府合作,必要时可以借助制度尤其是中央政府的权威力量。

首先,从区域性大气污染治理来分析,2013年,我国发布实施了"大气十条",从中央层面到地方层面、各个地区乃至各个部门,都采取了一系列强有力措施。与2013年相比,2017年,京津冀、长三角、珠三角这3个重点区域的PM2.5浓度分别下降了39.6%、34.3%、27.7%,其中珠三角区域PM2.5平均浓度更是连续3年达标,北京市PM2.5浓度从2013年的89.5微克/立方米,降至2017年的58微克/立方米,比预期成果要好很多。京津冀地区作为空气质量改善幅度较大地区,从污染物减排力度看,其首先削减了煤炭消费,包括散煤、中小锅炉等,2017年北京市煤炭消费大大降低,促进了区域环境质量的改善。但总体而言,京津冀、长三角、汾渭平原地区污染强度仍然偏大,二氧化硫、氮氧化物、挥发性有机物等大气污染物的年排放量远远超过环境容量,仍处于千万吨级的高位,持续减排的压力非常大。

从进一步的行动方向来看,区域性重污染天气的有效应对离不开以下三个条件:加强对空气质量的监测及预报;在统一区域内预警标准、实现应急联动;切实落实应急减排措施。大范围长时间重污染天气一般会持续3~5天乃至更长,而从政府发布预警到企业采取措施都需要提前24小时左右进行,因此只有将预报能力提升至5~7天,才能进行应急减排以应对重污染天气,为此要继续强化区域环境空气质量预测预报中心的能力建设,更好地满足重污染天气的应对需求。此外,重污染天气往往跨越行政区界限,形成区域性影响,区域内各城市间的共同应对十分必要。因此,进行区域统筹,共同采取应急减排措施,对于应对重污染天气十分必要。

其次,我国水污染治理体制不适合流域水污染的治理。我国原有的水污染治理体制采取以环保部门为核心的中央统一管理和地方分级管理相结合的方式,中央政府下设环境保护部这一职能部门,统一行使管理权,地方政府下设的环保部门既受上级环保部门管理,同时也受同级地方政府的约束,这种不以流域为单位的管理体制对相关地方政府之间的博弈没有约束力，其结果要么导致地方政府之间的不合作，要么即使达成共识，并有了进一步的合作，效果也不佳。从实际效果看，地方政府作为流域水污染或区域性水污染的治理主体，如果其只考虑本地区的利益，就必然造成本地利益与区域整体利益的偏离；因为，作为地方政府下属职能部门的各环保厅、局必然要接受当地政府的领导，而当环境执法管理措施与地方经济发展发生矛盾时，地方政府领导未必就会倾向于环保部门，特别是流域性的水污染本身就不单是本地政府的事情，而是涉及流域内其他地方政府的责任，于是就出现了"搭便车"和不作为等现象，这也就使地方环保部门在处理流域水污染时掩盖问题，出现执法不严、息事宁人的态度了，而这也导致了跨界河流交接断面成为严重污染河段。❶

近些年来，我国开始完善水污染防治体制，例如，作为跨域河流污染治理的一项路径安排，河长制依托政绩考核以党政领导负责的方式对流域污染进行治理，切准了地方政府官员的命脉，对于充分调动起地方行政力量治理流域污染起到了关键作用，某种程度上消解了流域治理的集体行动困境，但是这种制度安排能否作为流域污染治理的常态机制有待商榷，政绩考核以结果为导向，容易形成污染—治理—再污染—再治理的周期性循环，如何从全局出发，真正形成地方政府间流域污染治理的合力，进而从根本上实现跨区域河流污染的治理，仍旧是当下较为迫切的课题。

第二节 合作主体：跨域环境治理中的地方政府

一、地方政府行为的理性假设

在社会科学中，任何一种理论分析都要以特定主体的行为为基础，任何一种制度设计和公共政策也同样离不开对行为主体本质的设定；因此，社会科学的研究总要对行为主体及其本质进行抽象，而从中得到的最基本假设前提也就成为理论体系赖以建立的逻辑起点。本书借鉴汪伟全（2009）的研究，将地方政府视为经济理性与公共理性的矛盾统一体，❷ 并以此理解和研判地方政府在跨域环境治理中的行为逻辑。

---

❶ 崔浩. 建构流域跨界水环境污染协作治理机制 [J]. 学理论, 2017 (1): 1-3.
❷ 汪伟全. 地方政府竞争秩序的治理：基于消极竞争行为的研究 [M]. 上海：上海人民出版社, 2009: 82-100.

(一) 经济理性假设

"经济人"假设是经济学理论中最基本的假设前提,20世纪下半叶以来,在"经济学帝国主义"的影响下,"经济人"假设已超越经济学的边界被移植到其他学科(如政治学、行政管理学、社会学等)中,由此导致了以该假设为基点对社会行为进行统一解释的思潮。[1] 实际上,"经济人"假设在不同的历史阶段有不同的内涵,经济学理论的演进导致了一系列不同内涵"经济人"假设的提出,考察不同经济人假设对公共政策领域的适用性具有较大的理论意义。

1. 经济学的理性人假设:从古典到新古典

"经济人"假设最早由古典经济学家亚当·斯密提出,在《国富论》中,斯密指出,自利是人们的普遍行为动机,每个人生来只关心自己,所考虑和追求的也都是自己的利益,但人们要实现自己的利益就不得不进行以分工和交换为基础的合作;由此,在市场机制这只"看不见的手"的作用下,人们的自利行为更有效地促进了社会利益(利他)。[2]

"斯密式"的"古典经济人"假设是对经济行为主体的简单抽象,在该假设基础上,斯密分析了分工的优劣、交易的得失、盈利的多寡,并提出和初步论证了"看不见的手"的著名原理,这种理论思考为其后经济学理论的发展奠定了基本框架;[3] 但是,斯密认为经济人假设尚处于一种粗糙的形态。马歇尔等新古典经济学家通过引入微积分和最优化的数学方法,将古典经济学"粗糙"的经济人假设规范化、模型化和数学化,他们认为,"经济人"始终能够深思熟虑地比较自身行为的成本与收益,因而具有完全有序的偏好、完备真实的信息和无懈可击的计算能力,并在此基础上使行为的边际成本等于边际收益,最终通过消费者的最优消费决策和厂商的最优生产决策实现社会资源配置的最优化,此即新古典的"经济人"假设。[4]

---

[1] 曾中秋. 经济人假设的理论发展及方法论评价 [J]. 科学技术哲学研究, 2004, 21 (4): 15-18.

[2] 具体而言,斯密式的"古典经济人"具有三大特征:第一,自利性,每个人都追求自己的利益,社会正是通过个人的逐利行为来维持;第二,合作性,每个人都是通过分工和交换的方式获取利益,社会正是通过个人之间的互惠行为来发展;第三,一定程度的理性,每个人都能够比较自身的利益得失,社会正是通过个人的理性选择来进步。

[3] 张屹山等. 资源、权力与经济利益分配通论 [M]. 北京: 社会科学文献出版社, 2013: 30.

[4] "经济人"进行完全理性的经济行为的主要依据有三条:第一,存在一组可供选择的方案组合,也就是存在备选方案或替代方案;第二,每一种方案对应着某种特定的预期净收益和目标的实现程度;第三,每个人都是选择那个能带来最大预期净收益的方案。参见辛本禄. "经济人"概念的演进及其新探索——从"经济人"到"权力经济人" [J]. 学习与探索, 2013 (1): 97.

2. 公共选择学派：政府"经济人"假设

布坎南、塔洛克、尼斯坎南、唐斯等人将新古典经济学范式应用于政治学，创建了公共选择学派，分析了从事公共事务管理的政府及其官员如何在公共政策过程中实现利益最大化。

较早把经济学理论中的"经济人"假设运用到政治领域中的是詹姆斯·布坎南（James M. Buchanan, Jr.）和戈登·塔洛克（Gordon Tullock），❶ 他们认为，更准确地说，他们进行分析的前提假设是政治生活中的人也是"经济人"，经济与政治、市场与政府之间的根本差异并非从事这些活动的人们所追求的价值或利益不同，而是这些人所处的条件不同；政治活动或政府机构不过是另一种，也是更为复杂的，个人之间的交换活动或交换结构，人们希望（或不得不）集体地获得自己私下确定的目标。❷ 按照这种看法，在跨域环境治理中，虽然地方政府本身不应有自己的私利，但组成政府的人（地方官员）和组织（地方政府机构）却有自己的利益，而且他们必然借助地方政府的力量来实现自己的利益。

尼斯坎南走得更远，作为官僚经济学的集大成者，他系统地阐释了官僚机构的行为逻辑，特别是代议制政府背景下官僚机构行为的理论根源；具体来看，他以新古典经济学的经济人假设为前提和分析的逻辑起点，通过建立数理模型论证了官僚系统的行为出发点和目标既不是公共利益，也不是政治家确定的政治目标，而是自身的利益（预算最大化）。❸

唐斯则开创性地提出了政治市场概念，❹ 并充分考虑到政治市场与经济市场运行机制的诸多差别，他认为政府组织不但有追逐私利的天性，而且（也许更为重要的是）有追逐部门利益、地方利益的倾向。唐斯在其《官僚制内幕》中，从信息沟通、内部控制、组织变革等方面对政府组织的行为规律进行了深入透彻的研究，并从动机与目标、局限与偏见、心理与行为等方面对

---

❶ 追溯其源头，公共选择理论是以1938年伯格森的一篇探讨福利函数性质的文章《福利经济学可能前景的重述》（*A Reformulation of Certain Aspects of Welfare Economics*）作为起点，在阿罗1951年的著作《社会选择和个人价值》（*Social Choice and Individual Values*）推动下发展起来的；大批著作和文章则在20世纪50年代后期才开始相继涌现，例如布莱克的《选举和委员会理论》（*The Theory of Committee and Election*），布坎南和塔洛克的《同意的计算》（*The Calculus of Consent*）、尼斯坎南的《官僚制与公共经济学》（*Bureaucracy and Public Economics*）、唐斯的《民主的经济理论》（*An Economic Theory of Democracy*），等等。

❷ 汪伟全. 地方政府竞争秩序的治理：基于消极竞争行为的研究［M］. 上海：上海人民出版社，2009：82-100.

❸ 汪伟全. 地方政府竞争秩序的治理：基于消极竞争行为的研究［M］. 上海：上海人民出版社，2009：82-100.

❹ 安东尼·唐斯. 民主的经济理论［M］. 姚洋，等译. 上海：上海人民出版社，2010：55-56.

官员进行深入剖析，使其成为官僚制研究的经典著作。此外，唐斯还认为，官僚体系具有天然的"本位主义"倾向，其产生原因有三：一是自私的忠诚。政府工作人员只对与其升迁有关的单位展现忠诚，尽管这种做法有时会伤害官僚体系整体；二是领域范畴的不确定。公共政策动态的相互依赖程度与日俱增，是造成静态分工为主的官僚体系之间永无休止的领域争夺的原因；三是政策领域的高度敏感。由于官僚无法完全预知其他单位主导的政策作为，会对自己单位的业务领域未来有什么影响，因此官僚体系次级单位之间，大部分的单位都会采取最保守的防御措施，对于风险的忍受程度极低，造成单位之间合作的阻力。❶ 这对于笔者观察地方政府内部各部门之间在环境治理问题上的利益博弈颇有启发性。

从以上理论并结合现实进行观察，我国地方政府也存在着对地方利益的经济理性考虑，如前文所述，这种经济理性行为是随着分权化和市场化等渐进式改革的逐步深入而确立和不断得到发展的，原本在计划经济体制之下的"道德人"开始在真正意义上成为"经济人"，也就是地方利益的代表者，无论是"预算外收入"模式还是"晋升锦标赛"模式，都充分证明了这一现象。❷ 因此，地方政府作为复杂的利益综合体，在跨域环境治理中不仅要考虑环境合作对自然环境本身的影响，还要考虑对地方经济发展、本地居民就业、官员政绩、政府预算等方面的影响。

综上所述，本书所论述的"经济理性假设"是指地方政府在与其他地方政府就跨域环境合作治理展开的博弈中以追求本地区社会经济利益最大化为目标，尽可能地使资源配置和相关政策向有利于本地区发展的方向倾斜。❸

（二）公共理性假设

公共理性是假设与政治正义问题联系在一起的。根据学术界的研究，康德在1784年出版的《什么启蒙运动》一文中最早提出公共理性，在该文中，康德认为公共理性就是"在一切事情上都有公开运用自己理性的自由"，唯有公共理性"才能带来人类的启蒙"。从当代来讲，公共理性的提出是基于当地社会价值的多元化这一事实；然而，从政治学来讲，合理的整体性学说必须在争议与基本正义问题上找到共识与支撑社会基本结构。从功能角度看，公

---

❶ 安东尼·唐斯. 官僚制内幕（中文修订版）[M]. 郭小聪，等译. 北京：中国人民大学出版社，2017：77-78.
❷ 周黎安. 中国地方官员的晋升锦标赛模式研究[J]. 经济研究，2007（7）：36-50.
❸ 汪伟全. 地方政府竞争秩序的治理：基于消极竞争行为的研究[M]. 上海：上海人民出版社，2009：86-87.

共理性承载着公共证成（public justification）这一主要作用，即为宪政民主证成一套合理的政治性正义观，这种公共证成有效性则取决于公共理性，这是一种"公民的理智能力与道德能力"。

作为当代研究公共理性最权威的学者，罗尔斯认为，在公领域与私领域中，当我们进行基本正义问题的推理时，公民具有依据公共认同的政治价值进行公共推理的能力，这种能力就是"公共理性"；因为尽管社会文化是多元的，不同的学说对于公共政策有不同的主张，但都必须包含如推理原则与证据原则等一些共同的要素，对这种理念的掌握能力即公共理性。基于此，罗尔斯认为公共理性"是一个民主国家的基本特征，它是公民的理性，是那些共享平等公民身份的人的理性"，他还将公共理性的目标界定为"公共善"。❶很显然，这与本书的研究对象和研究目的并不相同。

本书中的公共理性，指的是地方政府在制定和实施跨域环境合作政策的过程中，以公共利益为立足点和评判标志的属性。结合汪伟全（2009）的研究，❷本书认为，从政治正义的角度看，这种公共理性的价值理念及其现实表现包括：

第一，政府的依法运行，即地方政府的运行必须遵循法治轨道，充分体现法律的作用和精神，在现实层面，就是地方政府在制定和实施环境政策时，要依照《中华人民共和国大气污染防治法》《中华人民共和国水污染防治法》《中华人民共和国防沙治沙法》等法律法规治理跨域环境问题，也就是"环保治理法治化"。

第二，政府以公众利益为目的，其权力的运用目的在于控制社会公共秩序、调节社会成员的冲突、履行公共管理职责，这是一种以公众利益为目的的社会理性；在现实层面，地方政府在制定和实施环保政策时会考虑复杂的利益关系，但归根结底要以有效保护公众的生命权和财产权等为出发点，而不能以某个行业、某个部门甚至某些官员的私人利益为出发点。

第三，国家整体利益观，地方政府的行为要以国家整体利益为依归，无论是古希腊的柏拉图、亚里士多德，还是当代的罗尔斯，都强调国家秩序和整体利益，即国家整体利益秩序观；在现实层面，地方政府在进行跨域环境治理和与其他地方政府的环境合作时，要确保所有公民均有平等发展的机会，最终实现整个国家利益的维护和发展。

---

❶ 汪伟全. 地方政府竞争秩序的治理：基于消极竞争行为的研究［M］. 上海：上海人民出版社，2009：87-96.

❷ 汪伟全. 地方政府竞争秩序的治理：基于消极竞争行为的研究［M］. 上海：上海人民出版社，2009：87-96.

二、地方政府在跨域环境治理中的利益关系

跨域环境治理本质上是一种合作治理，地方政府合作是跨域环境治理的内在要求。本书的地方政府合作主要指同级地方政府间合作。针对跨域环境合作治理中地方政府的身份定位和行为逻辑，笔者将地方政府视为多重利益关系下的行为体，一方面，它代表了地方公共利益与地方政府组织利益，同时渗透着地方政府部门利益及地方官员利益，因而是一个复杂的利益综合体；另一方面，中央政府与地方政府在区域公共政策的制定、执行中存在利益博弈，因而地方政府的合作行动还受到央地利益博弈的影响。

（一）作为地方利益代言人的地方政府

1. 地方利益主体及利益内容

根据管跃庆（2006）的研究，❶ 地方利益在性质上是有别于个体利益与全社会利益的群体利益，它既包括群体自身的利益，也包括群体中个人的共同利益。对地方来说，群体即为地方，群体自身利益的代表者就是行政区的政府，即地方政府；另一类利益是辖区内的个人共同利益，就跨域环境治理而言就是辖区内居民、企业等的共同利益，个人共同利益的代表也是行政区的政府，即地方政府。

从理论上讲，上述两种利益应当是统一的，地方政府应是作为群体的地方与各成员共同利益的代表，其行为与决策也应从作为群体的地方及各成员共同利益出发。但实践中，这两种利益往往并不会完全吻合，甚至出现巨大的利益矛盾，其原因有两个：

第一，各成员共同利益很难判断，有时候甚至出现非常激烈的利益冲突，故难以形成有效的共同利益。首先，对于居民来说，治理污染、改善环境质量是辖区内居民的共同利益所在，并且随着经济发展水平的提高，辖区内居民对环境质量的要求越来越高。概括来说，居民在跨域环境治理中的利益诉求主要包括两方面：一是良好的区域生态环境对于改善居民生活质量必不可少，居民对于区域生态环境的治理需求日益强烈，对于区域环境治理的收益要求自然是越多越好；二是区域环境质量的改善也离不开居民的付出，居民对于治污所需承担的成本要求与利益回报也有所权衡，以大气污染治理为例，机动车淘汰更新、汽车燃油标准升级、机动车限行等措施增加了居民的生活

---

❶ 管跃庆. 地方利益论 [M]. 上海：复旦大学出版社，2006：36-39.

成本，居民对于落实到自身头上的治污成本则是越少越好。其次，对于企业而言，在没有外部约束的情况下，企业以经济利益最大化为主要目标，从我国的产业结构看，第二产业仍然占有较大的比重，如河北、山东等省份的钢铁、化工等高排放、高污染企业所创造的产值依然在全省 GDP 增长中占有较大份额，对于这些企业而言，购买排污设备，研发低排放技术无一不增加了企业的生产成本，反之，企业本身污染所带来的负外部效应被区域以极低的成本所消化，于是，在外部约束不存在的情况下，企业在跨域环境治理中的利益诉求是节约生产成本，转嫁污染，实现经济效益最大化。

第二，地方政府内部还可以进一步区分出不同的利益主体。他们对地方政府利益的实现有着不容忽视的影响，这些利益主体所代表的利益主要包括政府官员的个人利益、政府机构本身的利益以及地方政府组织利益。从地方官员来看，一方面，地方官员尤其是地方行政首长作为地方公共政策的主要制定者与执行者，是地方政府人格化的最直接体现，树立政府权威，维护公众对地方政府的信任是其首要诉求，跨域环境治理对辖区内环境质量的改善大有帮助，辖区居民是直接受益者，通过良好的环境产品的供给换来公众对政府的口碑，这是地方官员的利益所在；另一方面，地方官员作为理性经济人，对于政治晋升、声誉、社会影响力也有所要求，环境政绩见效慢，经济领域政绩投资快、见效快，受任期制的影响，地方官员为了在短时间内创造出为官一方的政绩，往往加大对基础设施领域内的投入，修路、建桥，甚至大搞"政绩工程"与"形象工程"，短期内拔高了个人形象，从长期看无益于当地经济发展。政府机构的利益表现在：（1）政府机构有自我膨胀、自我扩张的需求。社会发展的趋势是人与自然、人与人关系的不断丰富和复杂化，表现为社会管理和协调事务剧增，客观上刺激政府权力扩张，使政府机构有自我膨胀的倾向。信息革命为政府事务简约化提供了有效手段，但政府工作人员的物质力量在人的利益驱使下膨胀。在我国，政府机构利益的实现形式主要是政府机构臃肿、财政开支和预算开支中的非生产性支出尤其是行政费用居高不下；在西方，则表现为追求政府预算最大化。这些都反映了政府扩张的普遍性和顽固性。（2）制度创新使政府各部门之间重新安排和分配利益，因此政府机构存在体制惰性，这意味着制度创新要受到政府内部力量的制约，政府的制度创新往往落后于社会对制度创新的需要。[1]地方政府组织利益集中表现为有关组织生存与发展的利益诉求，这两大利益诉求的实现途径有三条：

---

[1] 管跃庆. 地方利益论 [M]. 上海：复旦大学出版社，2006：36-39.

一是辖区经济的发展带来地方公共财政的稳步提升；二是及时回应辖区居民对公共服务的诉求，以满足居民对政府责任实现的要求，提高地方政府的声望与信誉；三是完成上级政府对地方政府的考核，这也是地方政府存续的一个必要条件。

由此可见，地方政府作为地方利益的代表具有双重属性，其既是地方公共利益的代表，又是地方政府自身组织利益的代言人。而就地方政府内部利益而言，又包括地方政府组织利益、地方政府部门利益及地方官员利益三个层面的内容。

无论是地方利益还是地方政府内部的多重利益，不同利益主体在跨域环境治理中的利益诉求是不同的，而地方政府就是负载着以上复杂的利益关系参与环境合作的。

2. 地方政府集中代表了地方利益

尽管地方政府内部存在着错综复杂的利益关系，但在涉及与其他地方政府的合作时，地方政府作为地区行政主体仍然被认为是地方利益的天然代表者，这可以从空间与时间两个维度对其进行解读：（1）从空间维度上讲，受信息获取、职能分工、时间与人数规模等因素的限制，辖区内居民与企业均无法成为地方利益的代言人，地方政府依托强大的信息资源获取优势与对地方资源的支配权，集中代表地方利益；（2）从时间维度上看，地方政府成为地方利益的代表者是一个历史的进程，得益于中央政府的分权和市场经济的发展。在我国传统行政体制下，地方政府在性质上几乎单纯属于中央政府的派出和代理机构，被动地履行中央一级政府所下达的各项命令；而1980年以来分权改革和市场经济的发展打破了计划经济下的传统关系，地方政府作为相对独立的利益主体的地位逐步得到确立。❶ 具体来看：

第一，中央政府的分权。这种分权包括行政性分权与经济性分权，行政性分权能够为经济性分权创造条件，但并不等于经济性分权。行政性分权指的是纵向上不同层级政府主体之间的权力调整，具体来说，行政性分权包括财权与事权在不同政府间的重新配置。财权方面，分税制改革使地方政府尤其是省级政府逐步获得了相对固定的财政收入及相对稳定的财政权力，在事实上确认了地方利益存在的客观性与合理性，地方政府可以按照自身偏好自主支配其财政资源，这种自主性是地方独立的利益意识产生的重要前提，并且为地方政府追求经济绩效提供了动力机制。事权方面，中央政府向地方政

---

❶ 汪伟全. 地方政府竞争秩序的治理：基于消极竞争行为的研究 [M]. 上海：上海人民出版社，2009：13-15.

府逐步下放了投资项目审批、许可证发放、土地批租、市场准入、贷款配额等经济权限，事权下放意味着地方政府的资源掌控程度增加，相应地，其自主决策的权限也大大增加；此外，地方政府截留了中央政府原本要下放给企业的部分经济资源决策权，由此，地方政府一方面将可自主支配的财政收入用来改造本地区的投资环境，另一方面地方政府自身成为本地区的直接投资者及控制者，对本地区的国有资产及所产生的经济效益进行控制及支配。行政性分权赋予了地方政府双重身份，一方面它是中央政府在地方的"代理人"，服从于中央的利益；另一方面它又作为地方的"所有者"而存在，通过对地方政治及经济资源的调度来增强自己的利益。

第二，市场经济的发展。市场化意味着资源配置方式从政府行政性分配向市场调节的转变，市场配置资源的功能在市场化进程中得以充分发挥。我国市场化改革内容可以概括为以下几点：其一，资源配置方式由计划转为市场；其二，力求建立统一、开放、竞争、有序的市场体系；其三，为保证市场经济的良性运转，规范市场主体的行为，需要建立起有效地调控体系和制度规范；其四，逐步培育自负盈亏、产权明晰，以及自主经营的市场主体。政府与市场间资源的重新配置使地方利益得到充分拓展，市场化改革使得个人、企业及各级地方政府有了明确的利益追求目标，这为地方政府作为地方利益的代表者提供了利益驱动机制。

总之，伴随着体制转轨及市场经济的发展，地方政府作为独立的利益主体的意识开始觉醒，在追求地方利益最大化的过程中其利益主体特性得到充分的释放，并成为真正的地方利益代表者；或者更准确地说，地方政府在市场经济领域内的独立利益主体意识直接推动其成为地方利益的代言人，同时地方政府也是其自身利益的主体，在跨域环境治理中，地方政府的行为考量除了地方整体利益之外，还要考虑辖区内多元利益主体（地方政府及地方官员、居民、企业）对于区域环境治理的不同甚至相互冲突的利益诉求，其跨域环境治理行为的策略选择也势必更加复杂乃至权宜。

（二）央地博弈下的地方政府

对概念外延的把握有助于充分了解其内涵。对地方政府作为合作主体的理解，除了地方多元利益的代表者之外，还要充分考虑作为中央政策执行者的政治角色。尽管笔者将中央政府作为一个外生变量进行处理，但这并不意味着中央政府在地方政府合作中作用微乎其微；恰恰相反，在跨域环境合作治理中，中央政府的纵向嵌入作用不容忽视，从区域公共政策过程视角看，中央政府在区域公共政策的制定、执行中不仅起到外部的制度约束作用,甚至还直接作为区域环境政策的制定者而存在。因此,对地方政府作为合作主体的把握脱离不了央地博弈关系这一重要的研究范畴。

1. 区域环境政策制定中的央地博弈

由于区域一级法定行政机构的缺失,中央政府不得不担负起跨域环境治理的部分责任,具体表现在中央政府作为部分区域环境政策的制定者与作为地方政府区域环境政策执行的监督者。于是,中央政府与地方政府在区域环境政策的制定与执行阶段都存在博弈,具体来说,在区域环境政策的制定阶段,中央与地方由于利益出发点不同,其利益诉求也存在差异,于是,二者围绕区域环境政策方案的具体安排与利益分配不断进行讨价还价,最终就方案达成共识,而这一方案是博弈双方利益均衡的产物,取决于中央政府与地方政府的讨价还价与策略抉择能力。

2. 区域环境政策执行中的央地博弈

委托代理关系实际上描述的是委托代理双方在信息不对称状态下的合作困境。委托代理双方作为理性经济人,都追求自身利益的最大化,从各自利益出发,如果二者利益目标不同,在不完全信息情形下,这种由委托代理关系而形成的合作就会出现效率损失,原因就在于代理人利用所拥有的信息优势而不顾委托人权益,采取机会主义行为,道德风险与逆向选择是最常见的两种委托代理问题,道德风险指的是代理人为了实现自身利益最大化而利用信息优势损害委托人利益的行为。逆向选择指的是委托人在不完全信息下与代理人签订合作合同所面临的合作风险。

央地关系作为最典型的委托—代理关系,在区域环境政策执行中二者的委托代理关系发挥得淋漓尽致。区域环境政策执行是将政策方案进行落实的过程,地方政府作为区域环境政策执行的主体,在前期区域环境政策制定阶段性利益没有得到满足的情况下,会利用其信息优势,在区域环境政策执行中采取"选择性执行""象征性执行"等一系列消极执行手段以实现方案制定过程中没有得到满足的利益诉求。对于中央政府来说,设计一套合理的激励相容制度以实现对地方政府区域环境政策执行行为的约束十分必要。任丙强(2018)❶认为,中央政府对地方政府的激励机制表现在政治、晋升与财政三个方面,具体来说,地方政府在中央政府制定的政治理念的指导下,通过具体化的政治指标与任务、干部晋升的绩效考核与财政激励三个操作性层

---

❶ 任丙强. 地方政府环境政策执行的激励机制研究:基于中央与地方关系的视角 [J]. 中国行政管理, 2018, 396 (06): 131-137.

面来实现。其中,政治指标与任务更多的是以中央政府的权威力量来威慑地方政府,制度化形式不高;干部晋升的绩效考核以明确的考核指标对地方政府环境治理绩效进行量化,制度化形式较高;财政激励则表现为中央政府以转移支付与财政补贴等形式来调动地方政府执行区域环境政策的积极性。而唐啸(2017)❶则将中央政府对地方政府的激励分为正式制度激励与非正式制度激励两类,行政奖惩等正式激励制度对地方政府区域环境政策执行的影响不大,中央政府的政治导向与中央领导的注意力转移等非正式制度激励才是地方政府区域环境政策执行积极性增加的主因。

综上所述,跨域环境合作治理中的地方政府具有双重身份,地方政府是地方利益的代表者和代言人。一方面地方政府代表地方利益,但地方利益的构成是复杂甚至相互冲突的;另一方面地方政府自身也是利益主体,多元化的利益考虑从微观层面界定了地方政府的行为逻辑。而中央政府则通过政治、晋升、财政等多种手段的应用对地方政府的合作行为形成激励,其从宏观利益层面对地方政府合作行为产生约束。因此,跨域环境治理中地方政府行为的利益考量是复杂且多元的,地方政府这种立体、丰富与多元的角色决定了地方政府跨域环境合作治理行为的复杂性与多变性。

第三节 跨域环境治理中地方政府合作需求的生成

无论是在理论上还是在现实中,合作需求都是地方政府合作进行跨域环境治理的逻辑起点;也就是说,地方政府之所以采用合作的方式治理环境,乃是为了满足一定的需求,这些需求既涉及自然的或社会经济的客观基础,又包括地方政府主观的利益认知和理性预期。概而言之,地方政府环境合作需求的产生主要取决于三个方面的条件:一是资源与要素的匹配性,这是界定合作范围的基础条件;二是明确地方政府对共同利益的认知,这是环境合作意愿产生的前提条件;三是地方政府对合作要有明确的成本/收益预期,只有在预期收益大于成本的情况下,地方政府才会有下一步合作行动。

一、资源与要素的匹配:界定环境合作范围

地方政府之间进行环境合作的根本目的在于趋利避害、共通互补,这就

---

❶ 唐啸,周绍杰,刘源浩.加大行政奖惩力度是中国环境绩效改善的主要原因吗?[J].中国人口·资源与环境,2017(9):83-92.

需要以资源与要素的匹配性作为客观基础条件。❶ 这种匹配性不仅是指地方政府之间在自然环境方面的天然联系（包括但不限于地理位置），而且，也许更为重要的是指在环境污染的治理方面具有相互依赖性。具体来说，参与跨域污染治理的所有地方政府主体，因为自然方面的天然联系被锁定在同一个自然生态系统之中，这决定了他们既能分享区域环境方面的利益，又必须共同面对跨域环境污染的难题；这种贯通不同行政区划的自然环境将不同级别、拥有不同资源禀赋和不同发展程度的行政区"捆绑"在一起，污染所及范围内的所有地方政府在治理方式、治理力度和治理效果等方面密切相关，从而形成休戚与共的相互依赖格局。总之，在跨域环境污染的合作治理中，资源与要素的匹配性主要体现为各行动方之间的相互依赖关系之中。

在公共问题治理的研究中，充分反映地方政府之间这种相互依赖关系的应属资源相互依赖理论（Resource Dependence Theory）。作为组织理论的重要流派之一，该理论萌芽于 20 世纪 40 年代，70 年以后得以广泛应用于有关组织关系问题的研究中。该理论最为经典的代表作是由杰弗里·菲弗（Jeffrey Pfeffer）和杰勒尔德·R. 萨兰基克（Gerald Salancik）完成于1978年的《组织的外部控制：对组织资源依赖的分析》一书。该理论认为，组织自身无法生产其所需要的全部资源，组织自身资源的有限性决定了它无法实现自给自足，必须通过与其所处的外部环境中掌握关键资源的人或组织进行交换，以获得自己所需的必要资源，由此组织间形成了一个相互依赖的关系网；而组织的生存就是建立在自身与其他组织的关系之上，为了获得生存所必需且己方不具备的资源，组织必须同其他组织合作以获取资源。具体来看，相互依赖理论包含以下四个逐步递进的理论命题：一是组织面临的首要问题是生存问题；二是组织的生存离不开资源，这些资源必须通过与外界的交换才能实现；三是交换的存在使得组织与其所处的（或者说其所依赖的）外部环境必须产生互动；四是最为重要的，组织的生存与一个组织能否控制其与其他组织关系的能力直接相关。❷ 因此，没有组织能够在资源有限的情况下实现自给自足，组织间必须进行结盟才可以获得被其他组织所控制的资源。从这个意义上说，组织间的互动即组织间为了获取资源而进行的合纵联盟过程。诚如周雪光（2003）所言，在一个组织关系网络中，如果资源长期聚集于某一

---

❶ 潘小娟等. 地方政府合作 [M]. 北京：人民出版社，2016：147.
❷ Pfeffer J, Salancik G R. The External Control of Organizations: A Resource Dependence Perspective [J]. Social Science Electronic Publishing, 2003, 23（2）：123-133.

组织,其他组织为了获取资源而必须与此组织打交道,伴随着组织间物质、信息及人员联系的增多,组织间会逐渐趋同:组织间结构越发相似,对话也就越容易,资源的交换也越容易实现,反之,组织间结构差异越大,资源交换过程中的协调就越困难,资源的获取也越困难。❶

按照资源依赖理论,面对日益复杂的区域公共问题与自身资源有限的矛盾,单一地方政府为了实现公共政策目标需要借助外部环境,通过与其他组织或人员的资源交换来降低资源供给中的不确定性,由此,单一地方政府需要建立并维护稳定的地方政府间关系,与其他地方政府保持良好的伙伴关系,这就需要通过制度设计与安排建立起组织间资源共享机制。针对跨域环境污染,每个地方政府在实现环境治理意图的过程中都无法拥有全部的权威、资源与能力(我们可以统称之为"资源"),单一地方政府需要与其他地方政府联合起来,依靠其他地方政府提供的资源来合作治理跨域环境污染问题。具体而言,由于环境问题的地理扩散性与空间转移性,单一地方政府仅靠自身的治理行为无法改变区域环境污染。也就是说,地方政府辖区的环境污染治理取决于其他地方政府对同一环境污染问题的治理方式、治理力度和治理效果;如果其他地方政府的"不作为"会直接波及相邻地方政府,那么结果便是一方的治理成果成为徒劳,"不作为"的地方政府反而没有任何损失,所以区域内地方政府从自身利益出发需要与其他地方政府合作进行污染治理。

总之,这种由于地理位置上的靠近所带来的污染共同受害是一种自然资源的相互依赖,地方政府在治理方式、治理力度和治理效果上的相互依赖是一种社会经济资源的相互依赖,这两种相互依赖是地方政府环境合作需求产生的客观基础条件。

二、对共同利益的认知:催生环境合作意愿

尽管地理位置上相邻的地方政府在资源和要素上的匹配为其合作提供了客观基础条件,但是仅有这种匹配关系并不足以自动导出合作需求;因为地方政府还需要将注意力投向实现资源与要素匹配之后所带来的共同利益。❷ 地方政府参与环境合作的原因在于合作能够实现共同利益,或不合作将造成更大的共同损失;换言之,地方政府只有在主观上经过对合作与不合作的利益认知、利益分析和利益比较之后,才能对环境合作的潜在共同利益作出判断;

---

❶ 周雪光. 组织社会学十讲 [M]. 北京:社会科学文献出版社,2003:1-3.
❷ 潘小娟等. 地方政府合作 [M]. 北京:人民出版社,2016:148.

而只有认识到环境合作的潜在共同利益才能催生出地方政府开展环境合作意愿。[1] 由此可见,地方政府对共同利益的认知是合作需求产生的前提条件。

(一) 共同利益的概念及特征

王浦劬(2014)[2]将"共同利益"界定为结成某一社会关系的人们的各自利益的相同部分。从这一概念中可以看出共同利益的前提和基础是个人利益,没有个人利益就没有共同利益的存在。跨域环境治理中地方政府合作意愿的产生离不开地方政府对共同利益的认知。

共同利益具有多种特征,首先,共同利益在其所属的社会关系中具有公共性。具体来说,这种公共性既可以表现为结成利益关系的利益主体间在利益内容上的重合部分,也可以表现为社会成员间就特定利益与利益矛盾所达成的某种妥协,由此可见,共同利益的公共性不仅包含不同利益主体在特定利益关系中利益的相同部分,还包含利益主体间利益的不同部分;其次,共同利益具有非市场实现性。通常情况下共同利益无法通过市场机制来实现,往往以公共产品供给的形式加以实现,原因在于公共产品所具有的消费的非排他性与非竞争性特征决定了作为以经济利益最大化为追求的市场主体不具有提供公共产品的动机与意愿,由此不得不借助公权力的合法性权威来实现具有公共性的共同利益。需要说明的是,并非所有的共同利益都是纯公共产品,作为准公共产品的共同利益是可以借助市场机制实现的;再次,共同利益具有单一性与相对独立性。单一性指的是在结成的特定利益关系中,共同利益往往是唯一的,在实现共同利益基础上所形成的公共权力也是唯一的,但是单一并不意味着单调,共同利益的复杂性与实现途径的公共性决定了共同利益的丰富性。共同利益的相对独立性表现在建立在个人利益基础上的共同利益一经形成,就脱离个人利益而存在,成为独立的第三种利益。甚至在某些情形下共同利益能够支配个人利益;最后,共同利益具有多元价值性。共同利益饱含特定利益关系中不同社会成员的多元价值要求。在特定利益关系的运行过程中,这些多元价值虽然同等重要但彼此之间却相互排斥,面对这种多元价值整合,政府在公共管理活动中的运转往往具有多重可能性,政府经常性地需要协调多重价值冲突困境。

---

[1] 潘小娟,余锦海. 地方政府合作的一个分析框架——基于永嘉与乐清的供水合作 [J]. 管理世界,2015 (7):172-173.
[2] 王浦劬. 政治学基础 [M]. 3版. 北京:北京大学出版社,2014:54-55.

(二) 跨域环境治理中地方政府的共同利益

共同利益作为地方政府合作进行跨域环境治理的前提条件，主要表现在两个方面：一是地方政府间合作能够实现共同的收益；二是不合作会造成各方的共同损失。

首先，从个人利益角度来看待实现共同利益的必要性。共同利益建立在个人利益基础之上，没有个人利益就没有共同利益，区域内地方政府的目标在于实现个人环境利益，但是由于环境问题的扩散性，单兵作战的辖区内环境治理行动有可能无法产生效果，因为如果区域内其他地方政府无动于衷，不仅己方的环境治理行动产生的正外部效应被相邻地方政府所分享，而且这种单一的辖区内治理行为对于整个区域环境质量的改善无异于杯水车薪，最后本辖区的环境污染状况依旧没有得到改善，因此，区域内地方政府为了实现辖区内环境利益，需要与区域内其他地方政府展开合作，对区域环境问题作出集体性的回应，这是区域内地方政府的共同利益所在。

其次，共同利益的认知。即使客观而言跨域环境治理是区域内各地方政府的共同利益所在，也并不意味着地方政府对共同利益能够形成一致的认知。原因就在于对跨域环境治理共同利益的共识的达成有一定的交易成本，具体表现在信息成本与协商成本上，信息成本指的是区域内地方政府间信息是不对称的，到底环境问题在多大程度及多大范围内对区域内各地方政府辖区产生了影响，这直接决定了结成利益关系的主体范围与主体合作意愿，但是信息的搜集与处理是需要成本付出的；协商成本指的是共识的达成需要一个协商的过程，作为理性经济人的地方政府首先会对环境问题造成本辖区及区域内其他辖区的污染程度作出评估，其次会对本辖区发展目标作出排序以评估环境问题的紧迫性，有的地方政府经过评估后将环境问题治理的排序置于清单后面，这样区域内地方政府就共同利益达成所进行的协商成本会更高。

最后，共同利益仅是合作的必要非充分条件。即使地方政府间就共同利益的认知达成了一致，也仅代表地方政府承认了区域内各地方政府面临共同的环境问题，而真正的合作意愿往往与其个人利益诉求有极大的关联。具体来说，与合作共同利益相比，己方需要承担的合作成本比例如何，与成本对比，合作净收益如何，是否有除了合作之外的其他替代方案；对区域内其他地方政府而言，环境治理紧迫性程度不高的地方政府是否有合作的必要，或者可否通过"搭便车"的方式获取区域环境治理收益,"搭便车"的成本如何,这一系列的考量意味着即使地方政府间在跨域环境问题上存在共同利益,也无法应然地推导出地方政府间必然会进行合作。

三、明确的收益/成本预期:引致环境合作行动

与对共同利益的认知不同,地方政府对合作的收益/成本预期是每个合作参与者对其可能从共同利益中所能获得的份额作出的预先判断;只有合作的预期收益大于所付出的成本,地方政府才会决定下一步的合作行动。此时,才能称得上产生了"真正的合作需求",❶这也就是 Axelrod 所说的"稳定的预期回报"。❷

共同利益建立在个人利益基础之上,共同利益的实现不得不考虑个人利益诉求。作为理性经济人,地方政府在跨域环境治理中的行为决策有其自身的利益诉求,这种诉求表现为明确的净预期收益。合作意愿产生的前提条件是共同利益,但个人对净收益的明确预期才能真正地推动地方政府的合作行动。净收益是预期收益与预期成本之差,在净收益大于零即预期收益大于预期成本的情况下,地方政府的合作意愿才会产生,地方政府间才会形成自发合作。

具体来说,预期收益需要满足的第一个要求是明确与稳定。明确即合作的预期收益是可以预见的,虽然无法对预期收益进行量化,但作为合作参与者的地方政府通过对区域内其他地方政府的治理意愿与实力的评估能够对其预期收益作出自己的判断。稳定与风险相对应,预期收益稳定的关键在于合作风险较低。

合作风险主要受到三个因素的影响:一是合作问题的性质,合作问题的利益再分配性越强,地方政府间零和博弈程度越高,合作风险越高,合作预期收益就不够稳定;二是地方政府间同质性程度,地方政府间在政治制度、社区环境、人口、经济发展等多方面同质性越强,合作偏好分配问题越容易,合作风险越低,合作预期收益越稳定;三是纵向规则的嵌入,即上一级政府提供的制度环境越有利于合作,合作风险越低,合作预期收益越稳定。

---

❶ 潘小娟等. 地方政府合作 [M]. 北京:人民出版社,2016:149.
❷ 潘小娟,余锦海. 地方政府合作的一个分析框架——基于永嘉与乐清的供水合作 [J]. 管理世界,2015(7):172-173.

合作预期收益需要满足的第二个要求是合作净收益大于零，即合作的预期收益大于预期成本。地方政府在合作过程中的成本包括信息成本、协商成本与执行成本等，合作成本包括可计算成本与不可计算成本两种，可计算成本即通过测算可以得出的成本，不可计算成本包括由于协调不力、分配不均与背叛等合作风险所造成的损失，合作过程中的这种不确定性会对合作成本的预期造成很大影响，大大增加了地方政府对合作成本的预期。尽管难以测算，但地方政府凭借以往与其他地方政府的合作经验、信任程度及中央政府对合作的态度，可以大概判断出区域内其他地方政府机会主义行为的可能性。

本章小结

跨域环境治理本质上是一种合作治理，地方政府合作是跨域环境治理的内在要求，本章主要对跨域环境治理的合作主体与合作需求进行了探究。

笔者首先界定了地方政府合作发生的场域，即跨域环境治理，并对区域性大气污染和流域水污染及其治理现状进行了重点阐述；其次，合作主体方面，分别对地方政府理性假设及其所处的利益关系进行了说明，理性假设方面，地方政府一方面具有"经济理性"，会在与其他地方政府就跨域环境合作治理展开的博弈中以追求本地区社会经济利益最大化为目标，尽可能地使资源配置和相关政策向有利于本地区发展的方向倾斜；另一方面，地方政府具有"公共理性"，也就是会从事跨域环境治理行为，特别是在制定和实施跨域环境合作政策过程中，以公共利益为立足点和评判标志的属性。地方政府作为利益综合体，一方面，它代表了地方公共利益与地方政府组织利益，同时渗透着地方政府部门利益及地方官员利益，因而是一个复杂的利益综合体；另一方面，中央政府与地方政府在区域公共政策的制定、执行中存在利益博弈，地方政府的合作行动还受到央地利益博弈的影响。

从合作需求方面来看，合作需求是地方政府合作进行跨域环境治理的逻辑起点。笔者将合作需求的生成条件概括为：第一，资源与要素匹配的客观基础条件，该条件界定了地方政府合作的范围；第二，对共同利益的认知，该条件催生了地方政府的合作意愿；第三，明确的收益/成本预期，该条件引致地方政府的合作行动。需要说明的是，合作需求是地方政府下一步合作行动的产生条件，但是这并不意味着存在合作需求，地方政府环境合作就会自发形成。

  总之，合作主体与合作需求是地方政府合作行动生成的基本前提，也可以看作跨域环境合作治理研究中需要明确的两大前提。以合作的两大前提考虑合作，能够帮助我们预测地方政府间合作的可能性，通过对合作主体及其承载的利益关系的考察，可以清楚地判断地方政府的决策出发点，以及明确为什么要进行合作以及合作机制的作用范围。

第三章
跨域环境治理中地方政府合作困境与利益逻辑

即使存在理论上合作的可能性与现实中的合作需求，跨域环境治理中地方政府间的合作行动也未必一定产生或得到有效维系，作为理性经济人的地方政府还会从个体利益出发进行策略上的成本—收益权衡，策略抉择的变数决定了个体理性未必必然生成集体理性，合作困境时有发生。

第一节 合作困境的外在表征

行政区行政模式与跨域环境问题存在逻辑上的错配。早期环境污染仅限于各行政辖区，对相邻辖区的影响很小，因此各地方政府在行政区行政模式下进行的生态环境治理取得了较好的治理成效；但是随着区域一体化程度的加深，环境污染也随之扩散、转移，演变为跨域环境问题，地方政府在行政区行政模式下进行的属地化环境治理方式不再适用，出现了跨域环境问题的"治理失灵"，笔者将这种"治理失灵"的状态称之为"合作困境"。

由于跨域环境治理中的地方政府合作是个动态过程，即包括达成协议、执行协议和执行监督等前后相继的环节，因此，地方政府的环境合作困境主要表现在三个方面：一是合作达成难，议而不决导致合作议程难以开启；二是合作协议执行难，地方政府之间决而不行，即使签订了合作协议，合作各方也未必如约履行，导致协议成为一纸空文；三是执行监督难，合作协议缺乏约束力及合作组织缺乏权威性导致监督处于缺位状态，奖惩机制亦无法落实，遂导致行而不果。❶

一、达成合作难：议而不决

地方政府在跨域环境治理中尽管存在共同利益，但是政府间合作协议的

---

❶ 潘小娟等. 地方政府合作 [M]. 北京：人民出版社，2016：3-4.

达成也十分困难。首先，地方政府对环境共同利益的识别需要一个过程，一方面，在长期以 GDP 为重要考核标准的晋升机制下，单纯地追求显性经济指标增长的理念在地方政府官员心中已经根深蒂固，新旧理念之间的激烈冲突使得理念认知转换举步维艰，地方政府间在环境治理事务上的合作共识难以达成；另一方面，长期以来地方政府间竞争关系大于合作关系，这导致地方政府的竞争意识浓厚，"地方政府的相对收益取决于与其有竞争关系的其他地方政府的收益，对于区域生态治理这种具有收益外溢性的公共事务，地方政府从相对收益的角度考虑会更加倾向于以邻为壑和转嫁污染"。❶ 另外，出于对自身利益的追求，面临跨域环境问题，地方政府往往更依赖于中央政府的政策出台，这是因为即使不考虑地方政府间的竞争关系，同级地方政府间合作在协商过程中也会耗费资源成本，远不如依赖上级政府来得划算。

其次，即使意识到了共同的环境利益，地方政府自利性动机和合作议程的复杂性也干扰合作协议的达成。地方政府的自利性会带来错综复杂的利益考虑，最终使得协商过程中充满了利益博弈与冲突，合作各方需要就合作成本与收益分配问题达成一致，任何坚持经济理性的地方政府都会避免使自己处在相对不利的地位上，这种追求自身利益最大化的行为策略导致合作出现"囚徒困境"；而协商过程本身就涉及大量的细节，对地方间的要素与资源进行匹配、对与环境相关的经济社会事务的善后处理都需要花费精力，特别是合作议程开启前期需要大量的实地调研，❷ 这些都加剧了利益博弈的程度，最终使得合作协议无法顺利达成。

最后，地方政府间协商机制的制度化程度低也增加了"合作共识协议化"的难度。我国很多地方政府间合作共识的达成主要来自地方领导人的口头承诺，这种口头承诺式的合作共识缺乏基本的约束力与稳定性，因为在地方官员实行任期制的背景下，一旦任职期满或出现职务变动，新的地方官员极有可能对影响地方经济发展的环境合作协议丧失兴趣，所谓"新官不认旧账"，因而增加了合作共识上升成为合作协议的难度。此外，地方政府间合作以集体磋商形式为主，面对跨域环境合作治理中的成本收益分配这类实质性利益问题，地方政府间往往会因为利益冲突较大而导致磋商失败，因而也就无法达成合作协议。

---

❶ 刘娟. 区域生态府际合作治理的碎片化困境及其出路 [J]. 环境保护科学, 2017 (3): 52-53.
❷ 潘小娟等. 地方政府合作 [M]. 北京: 人民出版社, 2016: 3.

二、协议执行难：决而不行

合作协议的执行困境表现在三个方面：不执行、执行机制不稳定和执行效果欠佳。

首先，"合作协议的不执行"指的是尽管合作各方签订了协议，但是仍有地方政府无视协议的各项规定，不采取措施执行，导致合作协议成为一纸空文，这主要是因为合作协议的执行需要物质基础作保障，包括财力资源与信息资源等的不均衡。具体来看，跨域环境合作中各地方财力资源不均衡主要是源于经济发展水平不均衡，地方政府财政实力不均衡，协议执行的财力配置自然也不均衡，而如果缺乏足够的财物准备，合作协议很难得以执行；信息资源是地方政府执行协议过程中不可缺少的前提条件，地方政府间的信息资源不均衡导致信息不对称，一方面地方政府对彼此治理进展情况的不了解，从而为各方拖延执行协议内容提供了口实；另一方面地方政府为了追求自身利益最大化会刻意隐瞒重要信息，彼此提供的不准确信息难以成为下一步行动的决策依据。因此，地方政府执行协议的积极性大大减退。

其次，执行机制的不稳定表现在合作协议缺乏法律效力与执行组织缺乏权威性。府际协议分为正式协议与非正式协议，正式协议是具有一定约束力与权威性的官方文件，其执行主要依托强制力；非正式协议以非书面协议为主，其执行主要依托地方政府间信任与互惠关系。我国跨域环境合作协议以非正式协议为主，主要来自地方领导人之间的承诺，在地方政府间缺乏信任关系且没有稳定的运行机制来保证协议执行的情况下，合作协议很难得到顺利执行或出现"名存实亡"局面。我国地方政府间合作组织的权威性较低，当前跨域环境治理中地方政府合作组织以领导人间的交流互访、区域联席会、合作论坛等形式为主，合作形式较为松散，缺乏区域一级的行政权威，跨域环境合作协议的执行效果难以保证；但问题的复杂性在于，如果为了保证协议执行效果而设立区域一级的行政权威，又会出现诸如政府层级设置问题、上下级政府间关系问题及行政成本大幅增加等问题，这点也不利于合作协议的顺利执行。

最后，执行效果欠佳问题。尽管合作协议对跨域环境治理中各地方政府的分工进行了规定，但是地方政府都会极力减少自身执行过程中的成本投入，如果协议中某些规定对个别地方政府辖区利益造成了损害，这些地方政府出于自身利益的考量而出现执行的"表面化、局部化、全异化甚至停滞化"现象。❶

---

❶ 丁煌. 我国现阶段政策执行阻滞及其防治对策的制度分析 [J]. 政治学研究, 2002 (1): 28—29.

政策执行表面化,即仅对合作协议进行了表面宣传,而并未具体实施,即我们通常意义上讲的象征性执行,象征性执行出现的原因在于地方政府并不愿公开背叛合作协议;政策执行局部化,即协议执行者根据自身利益需求对协议内容进行取舍,仅执行对己方有利的部分,不利的部分则进行曲解或直接舍弃,致使合作协议内容不全,无法得到完整落实,收不到应有的实际效果;政策执行全异化,即通常意义上的"上有政策,下有对策",当协议内容对执行者不利时,执行者就会将协议替换成表面上与协议内容一致、实际上背离协议精神的政策;政策执行停滞化,即合作协议与地方局部利益或者地方官员利益存在冲突,协议执行者从一开始就没有认真贯彻执行协议内容或在执行的某一阶段出现停滞的状况。

三、执行监督难:行而不果

为了避免地方政府间在环境治理合作中出现"搭便车"行为,对地方政府间合作的监督不可或缺,其作用在于确保合作方案被有效执行,防止执行中的机会主义行为。就监督主体而言,主要有上级政府与社会两大类。

第一,从上级政府的监督来看。在省一级层面的监督机制中,省一级地方政府作为合作协议执行的责任主体,对其监督应该由中央层面进行,然而由于合作协议本身缺乏约束力,对其监督也无法通过法律的形式进行,并且以中央政府为主体的监督往往由于信息的不对称而失效,地方政府由于占有信息优势而在区域环境政策执行中采取"选择性执行""象征性执行"等对策以消极应对区域环境政策执行,以实现自身在区域环境政策制定中未能实现的利益诉求;地市一级地方政府及其各部门是协议的主要执行主体,但是在地市级层面缺乏专门针对区域环境合作工作的监督评估机制和奖惩机制。而跨域环境机构由于不是实体性机构,不具有监督权,很难发挥其监督作用。从我国的政策执行系统看,监督机构一般同时受到上级对口机构与同级党委与政府的双重领导,事实上,来自上级机关的监督一般会被同级党委或政府弱化,监督机关形同虚设。

第二,从社会层面的监督来看。很多地方的民众对地方政府官员的监督渠道堵塞,即便民众的诉求得到了采纳,实践中也往往是议而不决,要么石沉大海,要么在政府部门间被相互踢皮球,一些地方的信访办机构沦为摆设,甚至成为打击报复举报者的情报站。此外,监督机制的执行本身也面临"二次搭便车"的风险,监督是监督组织按照监督规则对区域环境政策的执行实施监督的过程,在这一过程中对监督者及监督机构本身的约束是个难题,否则容易造成执行者与监督者的"合谋",或者出现监督者为了节约成本与实现自身利益,而进行表明监督或不充分监督的现象。

第二节　合作困境的内部机理：基于利益博弈的解释

达成合作难、协议执行难和执行监督难等是地方政府环境合作困境的外在表象。从博弈论的视角观察,作为理性经济人的地方政府是博弈局中人,其策略集包括"合作"与"背叛"两种,在不知晓其他地方政府策略选择的情形下,出于对自身利益的考虑,地方政府的占优策略必然是"背叛",此即合作困境形成的内部机理。跨域环境治理中既存在两个地方政府参与的双边合作,也有多个地方政府参与的多边合作,而后者更具有一般性,所以本书从"简化情形"和"一般情形"两个方面入手分析,全面且有重点地阐述合作困境的内部机理,并深入探究博弈论模型所体现的政策含义。

一、合作困境形成的简化博弈模型

跨域环境治理的过程可以理解为区域环境政策的制定与执行过程,这也是打破和重塑原有利益格局的过程,地方政府间的利益博弈不可避免。本书首先以两个地方政府参与的博弈模型来分析跨域环境治理中地方政府间的利益博弈过程,考察双方的博弈策略以及均衡结果。

作为理性经济人,地方政府在跨域环境问题的合作治理过程中,会按照各自的效用函数、以自身效用最大化为决策取向。博弈的基本规则为：地方政府甲与地方政府乙为两个博弈局中人,二者都追求自身效用最大化,因此都想在区域环境政策制定中形成有利于自己的合作协议及相关条款,同时都想在区域环境政策的执行中尽可能少地分担跨域环境治理成本,最终更多地享受跨域环境治理的成果。此时就存在三种可能的情形：假定在区域环境政策方案的制定过程中,两个地方政府都以区域生态利益为重,避免相互欺诈,选择坦诚合作,双方各自会得到 10 个单位的收益；如果地方政府甲和地方政府乙都只考虑本辖区的利益,选择相互欺诈,则双方都只会得到 6 个单位的收益；如果一方选择欺诈,另一方选择合作,则选择欺诈的地方政府会因为分割对方的利益而得到 2 个单位的收益,选择坦诚合作的地方政府将损失 3 个单位的收益。根据以上的博弈结果,笔者列出了地方政府甲和地方政府乙在不同情形下的收益矩阵,如表 3.1 所示。

表 3.1　博弈局中人的博弈收益矩阵

		地方政府（甲）	
		合作	欺诈
地方政府（乙）	合作	10, 10	3, 8
	欺诈	8, 3	6, 6

（资料来源：金太军.从行政区行政到区域公共管理——政府治理形态嬗变的博弈分析[J].中国社会科学,2007（6）：53-65）

依表 3.1 所示，如果地方政府甲和地方政府乙都选择合作或都选择欺诈，则会出现两个纯策略"纳什均衡"解，即"合作，合作"与"欺诈，欺诈"。需要说明的是，纳什均衡是这样一种策略组合，博弈局中人各自进行策略选择，一旦实现纳什均衡，则双方都不再企图改变策略（如果一方改变策略，则其收益将会减少）。❶ 在两个地方政府都选择合作策略情形下，结果是双赢的正和博弈局面，这是一种最理想的状态；但是，由于博弈局中人都是理性经济人，其策略选择是建立在对对方博弈策略的准确预期基础之上的，在不完全信息状态下，两个地方政府都无法准确得知对方的策略选择，于是此时对于己方而言，其最优策略便是欺诈，因为选择欺诈最坏的结果也是保持原有收益不变，同时这也是对对方欺诈策略的最佳回应，这是一种典型的"囚徒困境"。❷

二、合作困境形成的一般博弈模型

囚徒困境解释的是两个局中人参与的地方政府合作情形，是合作困境的特殊情形，当博弈局中人为两个以上的地方政府时，就属于合作困境的一般情形。我们关注的是，当博弈局中人增加后，博弈局中人的策略及其均衡结果是否会出现变化。

---

❶ 当两个地方政府的条件策略组合恰好相同，从而两个地方政府都不再有单独改变策略的倾向时，整个博弈就达到了均衡，这种均衡在经济学中称之为"纳什均衡"。更加严格一点说，如果在一个策略组合中，当一个地方政府不改变策略时，另一个地方政府也不会改变自己的策略，则该策略组合就是一个纳什均衡。在纳什均衡的定义中，有两个问题需要注意。第一，"单独改变策略"，这是指任何一个参与人在所有其他人都不改变策略的情况下改变自己的策略，其他人也同时改变策略情况不在考虑之列；第二，"不会得到好处"，这是指任何一个参与人在单独改变策略之后自己的收益不会增加，它包括两种情况，即或者收益减少，或者收益不变。我们这里假定在后面这种情况下（即支付不变时），由于存在改变的成本和风险，参与人也不愿单独改变策略。高鸿业.西方经济学·微观部分（专栏案例版）[M].北京：中国人民大学出版社,2015：330.

❷ 金太军.从行政区行政到区域公共管理——政府治理形态嬗变的博弈分析[J].中国社会科学,2007（6）：53-65.

在一般博弈模型分析中，笔者将跨域环境治理视为一种"区域公共产品"，其消费者为区域内地方政府，它们都为了能够以最小成本获得最大消费效用而展开利益博弈。作为区域公共产品，跨域环境治理具有一定程度的非竞争性与非排他性。萨缪尔森在分析中将公共产品的非竞争性表达为 $X=X_1=X_2=X_3=\cdots=X_{2n}$，$n \in \mathbf{N}$（自然数），$X$ 是公共产品的总体消费量，X_i 表示消费者 i 的消费量，$i=1, 2, \cdots, n$。在非竞争性的条件下，无论消费者如何付费，其对区域环境产品的消费量相等且等于区域环境产品的总量。与之对比，私人产品的竞争性表达为 $X=\sum_{i=1}^{n} X_i$，即总消费量是个人消费量的加总，在完全竞争市场条件下，私人产品借助市场机制可以达到帕累托最优水平，消费者付出相同的价格享受不同数量的产品。因此，对于区域公共产品而言，价格机制将不再起作用，下面运用博弈论模型分析兼具非竞争性与非排他性的区域环境公共产品的供给。❶

（一）博弈定义

（1）博弈者集：$P = \{i: i = 1, 2, \cdots, n\} \subset R^n$，$n$ 为自然数，博弈参与主体为区域内 n 个地方政府。

（2）策略集：$S = \{C_i \geq 0: i = 1, 2, \cdots, n\} \subset R^n$，$R$ 为实数。每个地方政府 i 选择消费区域环境产品所付出的成本（贡献量）$C_i \geq 0$。

（3）信息集：博弈者 i 对自己及其他博弈参与者的收益函数具有完全信息，但是其只能在对其他博弈者策略选择不知情的情况下单独作出决策 C_i。

（4）收益函数：对博弈者 $i \in P$，收益函数 $U_i = f\left(\sum_{i=1}^{n} C_i\right) - C_i$，其中 $f: R \geq 0 \rightarrow R \geq 0$ 为实增函数且 $f(0)=0$。函数 U_i 是策略 C_i 的函数，而所有 C_j，$j \neq i$ 则是外生的。函数 $f\left(\sum_{i=1}^{n} C_i\right)$ 代表博弈者 i 消费区域环境公共产品所带来的收益，是总贡献量的函数，C_i 是消费者自主选择的。消费收益函数与成本之差即为净收益。从生产者函数来看，可以将函数 $f\left(\sum_{i=1}^{n} C_i\right)$ 视为 $y_1\left[y_2\left(\sum_{i=1}^{n} C_i\right)\right]$ 的简化形式，即 $y_2\left(\sum_{i=1}^{n} C_i\right)$ 是区域环境公共产品的生产函数，是 n 个博弈者的

---

❶ 本书对于跨域环境治理中地方政府利益博弈的一般博弈论模型分析主要参考了庞珣的研究成果，参见庞珣. 国际公共产品中集体行动困境的克服［J］. 世界经济与政治，2012（7）：24-42.

总贡献；$y_1(\cdot)$ 即为区域环境产品的消费收益函数，与 C_i 具有相同的量纲。为了讨论方便，我们在此不对生产函数的具体形态作进一步探讨。

（二）博弈假设

（1）地方政府对区域环境公共产品的消费具有非竞争性，即所有博弈者 $i \in P$ 在区域环境产品得以提供的情况下消费相同的量。

（2）博弈者具有同质性：博弈者的策略集与信息集相同，且对区域环境公共产品的消费效用评价及对成本的敏感性相同，即收益函数一致；此外，总贡献量决定了区域环境公共产品的供给量，且供给量与贡献者分布无关。

（3）不存在消费收益的外部性，博弈者的收益情况不会互相影响，某一博弈者的收益函数由其消费收益与贡献成本决定。

（4）地方政府 i 的贡献量 C_i 越大，其消费收益也越高，但是消费收益的增速小于1，即 $0 < \dfrac{\partial f(\sum_{i=1}^{n} C_i)}{\partial C_i} < 1$，$\forall C_i \geq 0$。该假设判定 $\dfrac{\partial U_i}{\partial C_i} < 0$，$\forall C_i \geq 0$。博弈者的个人边际收益总是小于边际成本，这正是集体行动困境产生的原因。

（三）博弈均衡

（1）均衡1：均衡策略 $S^* = \{C_1^* = 0, C_2^* = 0, \cdots, C_n^* = 0\}$，均衡结果为 $U^* = \{U_1^* = 0, U_2^* = 0, \cdots, U_n^* = 0\}$。

证明：假设博弈者 i 选择贡献量 $C_i > 0$，基于假设（4）中 $\dfrac{\partial U_i}{\partial C_i} < 0$，$\forall C_i \geq 0$，则其相应收益为 $U_i' = f(C_i') - C_i' < 0$，此时 $U_i' < U_i^*$，博弈者收益小于均衡结果下的收益，博弈者没有动机选择贡献量大于0的策略。

（2）均衡1为最优且唯一策略。

证明：假设存在不同均衡策略，如策略 $S = \{C_1 = c_1, C_2 = c_2, \cdots, C_n = c_n\}$，$\exists c_i \geq 0$，即博弈者选择正贡献的情况存在。每一位博弈者的收益函数 $f(\sum_{i=1}^{n} c_i) > 0$，其净收益为 $U_i = f(\sum_{i=1}^{n} c_i) - c_i$。对于区域环境治理中的任何博弈者 i，如果 $U_i < 0$，则博弈者会减小贡献量 c_i 直至净收益 $U_i \geq 0$，而存在这样一种情况，即 $c_i = 0$，此时 $U_i \geq 0$，此即均衡1。基于假设（4），对于那些收益和贡献均大于0的博弈者来说，单个博弈者无法实现在贡献量大于0的情况下，边际收益大于边际成本，因此，这样的博弈者 i 不可能是唯一贡献者，

此时博弈者通过降低 c_i 而增加 U_i，直到 $c_i=0$，在博弈者同质性的前提下，最后的均衡仍是均衡1。

三、博弈结果的政策含义及其拓展

从博弈结果可以看出，地方政府谋求地方利益最大化的个人理性行为并不会自动带来区域环境合作的集体理性结果，相反，跨域环境治理中的地方政府合作常常陷入"集体行动困境"。因为对于经济理性驱动下的地方政府而言：一方面，区域环境治理作为一种公共产品，具有一定程度的非竞争性与非排他性，非竞争性决定了区域内任何行动者对其的消费都不会影响其他行动者的消费，非排他性决定了区域合作的参与者可以轻而易举地享受公共产品的便利；另一方面，对单个地方政府而言，参与区域合作的成本如果由个人承担，结果是个人的收益与集体收益不一致，理性的个人只会尽可能分享区域环境治理的成果而不会主动进行治理，于是从个人理性出发导致集体非理性，合作困境由此产生。

但是，我们不能依据上述博弈分析就否定地方政府之间跨域环境合作实现的可能性。从现实可能性来看，人类是一个"合作的物种"，[1] 区域环境问题也并非总是处于"霍布斯丛林"的恶性局面，因此，我们要从现实出发，观察地方政府实现环境合作所需的条件，并以此修正和完善模型，而不是依据模型来否定现实。从理论可能性来看，无论是简化博弈模型还是一般博弈模型，都建立在一系列极其严格的假设条件基础之上。而实际情况与理论假设有较大不同：其一是博弈者同质性假设，即地方政府之间不存在任何差异，体现在跨域环境治理中，就是地方政府对环境合作的预期收益和成本承担能力不存在差异，而实际上，不同地区的经济社会发展情况有很大差异，甚至处于不同的发展阶段，由此决定了地方政府对环境合作的政策偏好、资源调配能力等方面各不相同，这必然使地方政府的合作意愿和参与能力出现差异；其二是博弈策略的绝对假设，上述模型在分析地方政府策略的时候，假定其只有"合作"和"背叛"两种情形，而实际上，跨域环境治理要经过达成协议、执行协议和监督执行效果等不同阶段，在每个阶段地方政府之间是既有竞争冲动也有合作意愿的，只是竞争强度和合作意愿的大小会有很大差异，

---

[1] 塞缪尔·鲍尔斯，赫伯特·金迪斯. 合作的物种：人类的互惠性及其演化 [M]. 张弘，译. 杭州：浙江大学出版社，2015：90-91.

这必然使得博弈策略呈现多样化的态势，并非绝对的二分法；❶ 其三是不存在外部性，现实中地方政府从跨域环境治理中得到的收益受到其他地方政府收益的影响，即存在其他地方政府从跨域环境治理中受益导致该地方政府利益受益或受损的情况，这取决于地方间合作历史及外部制度环境的状况。基于以上分析，笔者认为地方政府就跨域环境污染问题达成合作协议、忠实履行协议内容、合理解决纠纷和监督执行效果是可能的，只是从不合作状态走向合作状态、从相互不信任到实现合作行动需要科学合理的制度设计。

总之，本章所用的博弈论模型既可以用来解释地方政府环境合作困境的形成机理，同时也指出了走出合作困境的途径，就是从理论上放宽假设条件，从而找出合作行动的实现路径，并结合各地方政府的现实情况和宏观制度环境，设计出科学合理的制度安排。

第三节　合作困境的深层诱因：体制背景与利益归因

跨域环境治理中地方政府间合作困境的形成有着深刻的体制背景和错综复杂的利益成因。行政区行政造成了资源要素跨域流动的梗阻现象，这是地方政府合作困境产生的体制前提；区域利益与地方利益、地方利益之间，以及地方利益内部之间构成了错综复杂的利益关系，其背后充满了利益矛盾与冲突，这是跨域环境治理中地方政府合作困境产生的利益根源。

一、行政区行政：地方政府合作困境的体制背景

行政区划就是国家结构与政府机构设置的重要依据，《周礼》记载的"体国经野"即为行政区划。在古代社会，行政区划设置的初衷在于加强中央对地方的控制，实现更为有效的管理。目前，我国实行行政区行政的治理模式，所谓"行政区行政"，指的是民族国家或国家内部的地方政府基于行政区划的刚性约束对社会公共事务进行的管理。❷ 行政区行政模式在小农经济与工业文明等资源流动性不高的时代表现出了极强的适配性，尤其是在工业文明时代，行政区行政附和了工业发展对资源配置的分工要求，并与科层制相结合将行政区的封闭性与机械性发挥到了极致。但是，随着现代化进程的推动，人力、

---

❶ 金太军. 从行政区行政到区域公共管理——政府治理形态嬗变的博弈分析 [J]. 中国社会科学, 2007 (6)：53-65.

❷ 杨爱平, 陈瑞莲. 从"行政区行政"到"区域公共管理"———政府治理形态嬗变的一种比较分析 [J]. 江西社会科学, 2004 (11)：26-27.

教育、资本、环境等资源要素的跨区域流动越来越明显,囿于行政区行政体制,资源的跨区域流动与配置受到了不同程度的阻滞。❶ 跨域环境治理本身需要地方政府合作来推动,然而行政区行政的存在却阻碍了这一进程,这主要表现在三个方面:消解了中央为推动地方政府合作所做的努力,弱化了地方政府间合作意愿,加剧了地方政府间基于资源争夺的"负和博弈"。

(一)消解了中央为推动地方政府合作所做的努力

我国现行的法律法规大多仅对地方政府在其辖区范围内的职责进行了规定,对于跨越行政区公共事务的管理权及地方政府间合作的规定甚少。因此,现实中有关地方政府合作事宜主要由中央政府颁布各项政策来进行规定。但是由于这类政策通常需要借助中央职能部门及地方对口部门进行自上而下的协调,因而在实践中受到了行政区行政的严重制约,主要表现在以下几个方面:

首先,纵向的"条条"受横向的"块块"制约。行政区行政与科层制共同构成了我国的行政管理体制,其特征可以概括为"分类管理、分级负责、属地管理"❷,"条条"与"块块"是其主要表现。地方各级行政职能部门都隶属于中央职能部门,自上而下实现层层隶属关系,但是与此同时,这些职能部门又受到横向地方政府的节制,即受到"块块"的制约。中央职能部门仅能对与其有直接隶属关系的下级相关职能部门进行协调,对于不存在隶属关系的职能部门则无权协调,因此当跨域环境事务牵涉其他职能部门时,"条条"逻辑下的跨职能部门合作较难达成。随着区域一体化程度的加深,跨域环境问题变得愈益复杂,其对跨职能部门间协调的要求也越来越高,"块块"的配合也必不可少。但是这也同时成为地方政府与中央职能部门进行"讨价还价"的砝码,一些地方政府借此扩大了自身利益。

其次,一些地方政府合作积极性较低。中央政府从宏观战略角度出发,来考量制定地方政府合作政策,然后依托强制力自上而下地推动这一合作政策,这往往使得合作带有很浓的强制性色彩而忽视了合作本身可能给地方政府带来的双赢。合作的强制性挤压了地方政府自主合作的空间,一些地方政府合作积极性由此降低,有可能造成跨域环境政策执行力度被削减。

---

❶ 何李. 区划型行政壁垒:地方政府合作中亟待破除的空间障碍 [J]. 理论与现代化,2018(4):98-99.

❷ 张玉磊. 跨界危机治理中的府际合作研究 [J]. 上海大学学报(社会科学版),2018(2):134-135.

最后，横向信息壁垒造成跨域环境政策无法有效执行。由于对有关地方情况的信息掌握不及时与不全面，中央相关职能部门有关于地方合作的政策规定通常迟滞于跨域环境合作的要求，导致跨域环境问题无法有效解决。而行政区行政决定了地方政府仅能对本辖区施加政策影响，既无权监督同级地方政府的环境政策执行情况，也没有责任向同级地方政府提供相关信息，这都给跨域环境问题的治理增添了交易成本，降低了治理效率。因此，在中央职能部门对地方真实信息缺乏掌握且地方政府间无法有效互通信息的情形下，行政区行政模式所造成的"区划壁垒"障碍只会更加严重。

（二）不对称的横向府际关系弱化了地方政府间合作意愿

所谓"不对称的横向府际关系"指的是不存在隶属关系的地方政府之间的一种不对等状态，造成不对称的横向府际关系的原因很多，包括行政级别不对等、政治地位不对等、职责权限不同等多方面因素。首先，我国地方政府行政层级繁多，大体划分为省（直辖市）、地级市、县（县级市）、乡（镇）四个层级，仅以城市来看，按照行政级别就可以分为直辖市、副省级市/计划单列市、一般省会城市、一般地级市、县级市、县城和一般建制镇七级。❶ 即使是跨域省一级合作，也会牵涉区域内不存在隶属关系又分属于不同层级的地方政府，而不同行政级别的地方政府在吸引人才和资金的能力等方面存在很大差异，从而导致经济发展环境的不同，进而对自然环境质量的要求也是不同的，这无疑会弱化地方政府之间的合作意愿。

其次，我国行政区划类型多样且交错在一起，就省一级行政单位而言，省、自治州、直辖市三种类型中直辖市地位最高，各个省份由于地理位置、资源禀赋、经济发展的不同，其在区域内的政治地位也会有差异；此外，我国行政级别设置中存在"高职低配"与"一肩挑"等现象，地方政府行政首长的行政级别与政治地位直接关系到该地方政府在合作关系中地位的强弱。这种政治地位的差异无疑会影响各方在跨域环境治理中的话语权，如果制度设计不妥当必然会弱化个别地方政府的合作意愿。

综合起来看，跨域（特别是省一级）环境治理中的地方政府合作本质上是一种不对称合作，不对称合作造成合作各方合作意愿差异，行政级别与政治地位较低的地方政府在跨域资源配置中优势不明显，其合作意愿相对弱化，合作的自主性降低，合作的交易成本增加，影响跨域环境问题的治理效率。

---

❶ 魏后凯. 中国城市行政等级与规模增长 [J]. 城市与环境研究, 2014 (1): 4-17.

（三）加剧了地方间基于资源争夺的"负和博弈"

不同行政区间往往存在基于行政区划差异而造成的资源争夺现象，在同级地方政府间，这种资源争夺往往表现为政治地位高的行政区对政治地位较低的行政区的资源剥夺。以京津冀区域为例，北京作为首都，其政治地位较为突出，而与其相邻的天津，作为直辖市其政治地位相对较高，经济发展水平在北方城市中更是遥遥领先；而河北省政治地位远远落后于北京、天津，其经济总量大，但产业结构不合理，发展问题较多。北京、天津凭借其优越的政治地位对河北在资源上形成"虹吸效应"，❶ 河北省某种程度上成为北京农副产品供应基地与生态屏障，其发展大大受限，成为京津冀城市群中较为薄弱的一个环节，环京津贫困带大多位于河北省辖区内即是证明。京津冀区域的不均衡发展反过来致使京津冀环境合作治理陷入瓶颈，北京与天津也因跨域环境问题的治理失灵成为利益受损的一方。

此外，由于央地间信息不对称及地方政府治理能力的差异，即使进行了行政区划调整，也只会使原本就行政级别高、经济发展好的行政区获益，结果这些行政区占有资源更多，发展更快，行政级别低的行政区则存在资源剥夺更严重的风险。从长远来看，地方政府间的利益争夺是一种"负和博弈"，不仅有碍于整个区域的经济发展，而且导致政府间合作基础被破坏，进而对区域环境合作形成了制约。

总之，我国行政区行政模式切割了区域整体利益，激励区域内地方政府从本辖区利益出发进行政策选择，具有较大程度的封闭性与机械性；地方政府将精力更多地集中于本辖区内公共事务的治理，对于需要打破行政区划壁垒、实现跨域合作的区域公共事务的治理则无能为力；从结果来看，这种"切割式"与"封闭性"的行政区行政模式与跨域环境污染的"衍生与扩散机理错配"❷，导致跨域环境治理中地方政府间合作出现"梗阻"。

---

❶ 有学者指出，"城市行政级别可能是比基础设施投入、人才吸引、交通设施、创业环境、教育环境等导致城市集聚效应的更为根本的因素。例如，一个副省级的省会城市，相对于一个普通的地级市，前者可以从上级得到更多的财政资金投入基础设施建设，可以凭借大城市的户口吸引到更多优秀人才，可以利用省会城市的行政地位成为全省的交通枢纽，这些有利因素又进一步成为优化创业环境和教育环境的条件。在一个存在网络效应的经济环境下，一个城市可以仅仅凭借更高的行政级别而获得更多资源，然后凭借更多资源实现更好的经济发展环境，这是一种正反馈效应。而这个正反馈效应的推手，就是城市的行政级别"。参见江艇，孙鲲鹏，聂辉华．城市级别、全要素生产率和资源错配[J]．管理世界，2018，34（3）：38-50．

❷ 施从美，沈承诚．区域生态治理中的府际关系研究[M]．广州：广东人民出版社，2011：71-77．

二、多层次利益矛盾：引发地方政府合作困境

地方政府间利益博弈的背后，是多层次利益矛盾引发的地方政府合作困境。

地方政府间利益关系包括共同利益与利益矛盾两个方面：共同利益是地方政府间合作的必要条件，然而现实中，即使地方政府间在跨域环境问题上存在共同利益，也无法应然地推导出地方政府间必然会进行合作。因为共同利益只是利益关系的一个侧面，利益矛盾则是利益关系的另一个侧面，利益矛盾包括不同利益主体的利益之间以及它们与共同利益之间的差异而形成的矛盾的一面。利益矛盾是造成跨域环境治理中地方政府间合作困境的根源所在。利益矛盾包括两个方面：一方面是同一层次上不同利益主体的利益之间的矛盾，如个人与个人之间的利益矛盾，群体与群体间的利益矛盾，又称为横向利益矛盾；另一方面是不同层次上利益主体之间的利益矛盾，如个人利益与集体利益间的矛盾，又称为纵向利益矛盾。相应地，跨域环境治理中地方政府间利益矛盾包括区域利益与地方利益间矛盾、地方利益之间的矛盾和地方政府内部的利益矛盾。

（一）地方利益关系及其构成

跨域环境问题的首要特征在于跨域性。区域内各行政区政府因此结成了天然的地方利益关系，这种利益关系存在的前提是共同的跨域环境议题，地方利益关系协调的目标在于就共同的环境议题达成一致，进而增进各地方政府的地方利益。

根据利益竞争性程度的不同，地方利益关系可划分为竞争性利益关系、互补性利益关系与非竞争性利益关系三种类型。首先，竞争性利益关系。作为一种零和博弈关系，竞争性利益关系中一方利益增加意味着另一方利益的减少，竞争带来相互学习与效率提升，这是竞争性关系的正效应，与此同时，竞争也意味着地方间合作的难以展开，导致整体利益受损。区域经济一体化进程中地方政府间爆发的"招商引资大战"即是竞争性利益关系的表现。区域大气污染治理中，节能减排责任的分配也是一种竞争性利益关系。其次，互补性利益关系。作为一种利益交换关系，互补性利益关系主要通过各方利益的交换来实现各自利益的增加，在流域生态保护中，上游地区采取水源涵养和保护措施时，下游地区应该对上游地区给予一定的生态补偿，通过利益的交换与补偿，实现流域生态治理。最后，非竞争性利益关系。作为一种

利益共生关系,非竞争性利益关系只有通过各方共同的努力方可实现共同利益。在区域大气污染治理中,各地方政府进行信息共享,联合执法,开展大气污染协同治理,联合制定大气污染防治方案,属于非竞争性利益关系的范畴。

上述三种地方利益关系中,竞争性利益关系的竞争程度最强,非竞争性利益关系的竞争性最弱,互补性利益关系的竞争性程度居中,跨域环境问题的治理将推动地方政府关系从竞争走向合作,推动地方利益关系从利益冲突转向利益互补与共生。对地方利益关系的把握是跨域环境治理的关键,只有对区域内各地方政府的地方利益关系进行充分的了解,才能对区域内各地方利益进行整合与协调,通过合理的利益补偿与成本分担,实现跨行政环境问题的有效治理。

(二) 区域利益与地方利益的矛盾

对于跨域环境治理而言,区域利益代表的是区域内各行政区所共同追求的生态利益,体现了各行政区共同的利益诉求,是区域内各地方政府间利益一致性的部分;但是作为独立个体的地方利益之间又存在差异,区域利益的一致性与地方利益的差异性构成矛盾。这是一种"群体性与集中性、中观性与微观性"❶的矛盾。区域利益与地方利益间的矛盾体现在两个层次:从表象上看是区域整体利益与地方局部利益的碰撞,从实质上看则是经济发展诉求与环境保护诉求的冲突。

第一,区域利益与地方利益间矛盾。行政区行政是地方政府存在的体制性条件,地方政府在本辖区内具有最高行政权,辖区的存在使地方政府具有了对本行政区政治、经济、社会、文化等多方面发展的需要,这些都构成了辖区利益,成为地方政府持续关注与付诸努力的目标。随着中央对地方的行政性分权,地方政府成为独立的利益主体,其行为出发点基于本辖区利益,建立在辖区利益基础上的府际关系也主要服务于本辖区利益。地方政府固守辖区利益的理念为激活地方发展潜力,进而实现我国经济的跨越式增长提供了便利。但是,随着区域一体化进程的加快,地方政府这种辖区利益本位的理念成为发展的桎梏:一方面,区域一体化进程使地方政府间相互依赖增强,地方间合作成为必然,环境领域亦是如此,然而地方政府从辖区利益出发的行为逻辑导致其缺乏基本的合作理念与合作精神,理念认知转换艰难使得地

---

❶ 汪伟全. 区域经济圈内地方利益冲突与协调:以长三角地区为例 [M]. 上海:上海人民出版社,2011:56-59.

方政府间在环境治理事务上的合作共识难以达成;另一方面,辖区利益作为局部利益,对于局部利益的过于看重与追求往往导致地方政府忽视了区域整体利益,从某种程度上说,地方利益构成了区域利益,区域整体利益建立在地方共同利益的基础之上,地方局部利益能够对区域整体利益的实现情况形成制约。作为整体利益的区域环境治理诉求与单个地方政府间的利益必然产生矛盾与冲突,单个地方政府在面临区域性环境问题时,基于地方利益的考量以及跨域环境问题成本与收益的难以分割性,会产生"搭便车"的行为倾向,甚至将污染转嫁给邻近地方政府,从而达到以最少的成本获得最大的经济与环境收益的目标。因此,作为区域内分散的地方政府,在缺乏外部监督和约束机制的情况下,必然会走向区域整体生态利益的反面,造成跨域环境治理的目标难以实现。

第二,经济发展与环境保护间的矛盾。经济利益与环境利益是对立统一的关系,从利益的主体性来看,地方政府在获得经济利益的同时,既可能造成环境利益的损减,也可能同时获得环境利益,这取决于执政者能否准确把握经济发展的阶段性特征。从利益的客体来看,环境利益与经济利益统一于人类世界的需求,没有人类对自然界的需求,环境利益与经济利益就无从谈起。从利益的过程性来看,二者是统一的,环境利益是制约经济利益的重要因素,而经济利益是环境利益实现的强大后盾。经济利益与环境利益作为地方利益的不同组成部分,二者之间本身不会产生矛盾,只有当地方政府扭曲环境利益来实现经济利益时,二者的矛盾才会产生。长期以来,我国地方政府主要以经济利益为重,这与体制转轨期地方利益的形成与拓展密切相关。具体来看:

一方面,分权化改革赋予了地方政府对当地经济与社会发展的决策权。分权化改革使得传统公共行政的权力结构与运作模式发生改变,原来集中在中央政府手中的权力逐渐下移与扩散。权力主体与行为主体在这一过程中逐渐多样化,地方政府自主管理的权力在分权化改革下增加,地方政府增强了其政策决定权与管理权,影响力逐渐扩大,利益主体意识更加强烈,分权化改革为地方政府经济发展决策权的发挥创造了制度平台,地方政府的经济发展决策权包括项目审批权、财政与社会管理等多种权限。以行政性分权为标志的行政体制改革赋予了地方政府较大的行政管理权,而地方政府行政管理权的获得为地方政府发展本地经济、基于跨域公共产品供给的地方政府合作与地方间竞争提供了政治前提。地方政府在行政分权体制改革中获得了地方公共政策决定权,而地方公共政策决定权的获得为地方政府发展当地经济提供了广阔的施展空间。

另一方面,财税体制改革使地方政府成为独立的利益主体。1994年实行的"分税制"改革❶改变了传统的中央对地方的激励方式,释放了地方政府发展经济的活力,地方政府从过去完全依赖中央政府的资源扶持角色转变为主动获取资源以谋求本辖区经济发展的利益主体角色。中央与地方在行政隶属关系之外,某种程度上还是平等的经济主体,只是权力与利益有所差别,地方政府独特的经济利益为其参与跨域环境合作、参与与其他地方政府竞争活动提供了重要前提基础。

但是,地方政府在追求经济利益的同时忽略了对区域环境利益的考量,这是制约我国区域环境利益实现的一个重要因素。有的地方政府割裂地看待经济利益与环境利益的关系,认为环境利益与经济利益不可兼得,采取"先发展后治理"的路子去发展本地经济,结果导致区域环境的污染和破坏,破坏后的区域生态环境即使可以恢复,也需要耗费巨大的治理成本。地方政府对经济利益的过度追求一方面导致对环境利益的忽视与破坏,另一方面,为了实现本辖区经济利益最大化,地方政府围绕税收增收、城市经营等与其他地方政府展开竞赛,地方政府采用各种市场与非市场手段来谋求自身的经济利益,这在一定程度上加剧了地方政府间竞争,对跨域环境合作治理起到阻碍作用。

(三) 地方政府间利益矛盾

地方政府间利益矛盾的产生依托于两个基本条件:其一是作为利益主体的区域内各地方政府本身存在差别,其二是区域内各地方政府对于同一利益客体有所要求。围绕这两个条件,地方间利益矛盾主要表现在两个方面:第一,压力型体制下的地方政府间利益竞争;第二,地方政府双重属性下的利益矛盾。

第一,压力型体制下的地方政府间利益竞争。在现行政治体制下,地方政府官员以上级任命为主,干部考核指标体系是中央对地方官员进行激励的主要模式,在这种模式下,中央对地方官员进行自上而下的层层考核,地方政府政绩的好坏主要取决于横向地方政府间的比较及排名,只有排名靠前的

---

❶ 原来作为地方财政支柱的"两税"被划归中央政府,中央政府以税收返还的形式保护地方政府发展经济的积极性;同时,地方政府获得了增值税的百分之二十五,这限制了地方政府盲目上高税收产业的冲动,此外,中央政府部分下放了投融资权力及国有企业的部分管辖权,这样地方政府便获得了部分投融资审批权限与部分国有企业盈利所得。

地方政府官员才能获得上级的提拔与晋升。这种以指标和考核为核心的激励模式带有明显的"压力型体制"❶特征，在这种考核逻辑下，地方政府间就如何完成中央政府设定的考核指标而彼此间展开了竞争，而当指标设计中仍偏重经济指标、忽视环境指标时，这种围绕经济指标的完成而进行的"晋升锦标赛"❷模式便会造成地方政府间关系实际上处于零和博弈之中，对地方政府间跨域环境合作产生较为不利的影响。具体表现在以下几个方面：其一，有些地方政府官员不仅有精力做有利于本辖区经济发展的事情，而且有精力去做不利于竞争对手所在地区经济发展的事情，有些地方政府官员对于一切有利于自身政绩排名提高的事情都非常积极与活跃，特别是对己方有利、对对方不利的事情最为积极，但是对于那些利己利人的双赢乃至多赢的合作行为则最不积极；其二，有些地方政府官员试图控制自己行为的"溢出效应"，对于自身行为产生的负外部效应力求外在化，而正外部效应则力求内在化，把一切对于竞争对手有利的行为，即使对于己方也有利，也选择不做，尽管跨域环境合作能够使得合作参与者都获得环境收益，但是地方政府官员出于政治锦标赛的考虑，也不想参与合作；其三，在中央政府无法实施有效监管的情况下，有些地方官员利用手中掌握的资源与权力不惜牺牲地方利益而引发地方间"恶性竞争"，试图通过环境污染的转移与转嫁来获得对对方的环境优势，有些地方政府这种追求政治利益与经济绩效最大化的行为逻辑极容易引发机会主义行为，从而造成有些地方政府环境合作的失效。

第二，地方政府双重属性下的利益矛盾。地方政府具有双重属性：一方面，地方政府作为地方公共利益的代言人，大力发展辖区经济，改变辖区居民的生活质量是其主要利益追求；另一方面，地方政府作为组织，也追求组织利益最大化。

作为地方公众利益代言人的地方政府在居民"用脚投票"的利益偏好表达机制下，为了吸引人才至本辖区而与其他地方政府展开竞争，这种竞争主要围绕投资环境的创建、公共服务的供给、外来人口定居的优惠条件等多个方面进行，这种竞争虽然为地方经济发展与公共服务质量的改善创造了良好的条件，但是也导致相邻的各地方政府间对于合作的排斥；作为理性利益人的地方政府为了实现组织利益最大化，在地方官员任期制的限制下，仅关注

---

❶ 冉冉．"压力型体制"下的政治激励与地方环境治理［J］．经济社会体制比较，2013（3）：111-112．

❷ 周黎安．中国地方官员的晋升锦标赛模式研究［J］．经济研究，2007（7）：36-37．

短期的辖区利益,对于关系到区域整体发展的长期利益则不甚关注,对于跨域环境治理的态度不积极,或者采取"不作为"的做法,或者寄希望于"搭便车",即使在外部压力下进行治理,也仅局限于对本辖区的环境改善,地方政府间这种只关注眼前局部利益、忽视长远整体利益的做法十分不利于地方政府间合作,尤其是跨域环境事务的合作。

(四) 地方政府内部的利益矛盾

地方政府内部的利益主体有三个层次:代表个体利益的地方政府官员;代表部门利益的地方政府部门;代表组织利益的地方政府。不同利益主体的利益诉求各有差异,这些多重的利益诉求间也就存在矛盾与冲突的可能性。

就地方政府官员而言,任期制下地方政府官员行为往往具有短期性与显性化特点,如何在短期内获得显性政绩进而获得提拔与晋升,这是地方政府官员的核心利益所在。地方政府官员尤其是行政首长往往借助地方公共政策实现其利益诉求,因此地方政策一方面过于重视局部利益而忽视了区域整体利益,另一方面其重点往往放在能够改善地方形象的工程、项目上,跨域环境合作这种投资见效慢、利益度量难且难以分割的公共事务,往往难以引起地方官员重视。地方官员作为区域环境政策的执行者,区域环境政策执行考核的缺位为地方官员谋求个人利益提供了方便。

具体来看:第一,一些地方官员对个体利益的追求。在激励约束机制不健全的情况下,地方政府官员对个人理性的选择受到了较少的约束。当前我国地方官员实行任期制,对其考核以指标完成情况为主,在二者的作用机制之下,地方官员的行为体现为短视化及显性化两个特点,一些地方官员往往会采取一些急功近利的措施来取得短期政绩,盲目启动一些短期的、见效快的项目,一些高污染企业正是在这一背景下落户地方并对生态环境造成了极大的损害。这种做法实际上耗费掉了有限的资源总量,增加了继任官员的治理成本,对于地方的长远发展无益。作为地方政府人格化的体现,地方官员的行为选择直接决定了地方政府的环境政策取向,很多时候地方官员对于跨域环境合作的忽视直接导致地方政府间环境合作难以达成。第二,区域环境政策执行考核的缺位。地方官员之所以能够在跨域环境治理中实现其个人利益,除了地方官员作为区域环境政策执行主体这一原因外,还与区域公共政策执行考核的缺位有关。公共政策评估能够检测地方官员执行区域环境政策的效率与效益,以保证区域公共政策制定者从区域整体利益的高度制定出来的政策得到有效地贯彻与落实，我国公共政策评估以上级对下级的责任评估为主，上级官员一方面是评估执行者同时也是被其所属上级评估的对象，它的这种双重身份使其陷入评估困境，因为其评估标准很有可能作为其被评估的标准，其与被评估者建立起了利害关系，这造成评估过程的主观色彩浓厚；从被评估对象来看，政府官员习惯性地讨好上级，提供不完全信息导致评估失真，作为政策执行者的地方官员有可能借助自身掌握的资源来阻挠评估的进行，区域公共政策执行评估的缺位为地方官员在跨域环境治理中个人利益的实现提供了便利。

就地方政府部门利益而言，在当前我国"条块"结合的管理体制下，"条条"在很大程度上受"块块"制约，地方相关职能部门的人事权与财政权都归属地方政府，因此地方政府对地方相关职能部门具有绝对的控制权，部门利益服从于地方利益甚至地方官员利益，中央政府颁布的区域环境政策在需要地方相关职能部门配合时，往往由于信息不对称与地方政府干预而搁浅。一个典型的例子就是地方环保部门，在追求短期、快速的地方经济效益趋势的裹挟之下，地方环保部门历来都是"清水衙门"，对于地方企业的污染物排放虽然有监督并责令整改的权力，但是往往因为地方政府官员以经济效益为重的政治考量而作罢。此外，当前我国跨部门合作的主要动力来自上级政府权威，合作动力的持续性与合作效果难以保障，作为理性利益人的部门合作主体往往轻视乃至回避合作，体现到跨域环境治理中，各部门出于经济理性的考虑，缺乏合作共赢的理念与意识，为了实现部门利益最大化而不愿合作，具体表现就是消极应对合作，将该部门利益凌驾于区域生态利益之上，造成跨域环境危机。

从地方政府利益而言，地方政府的环境合作政策是基于地方整体利益进行考量和权衡的，地方政府面对上级政府的政绩考核压力，需要着力发展本地经济，而且又要满足当地居民对地方公共产品和服务的需求，地方环境治理作为地方公共服务的主要内容，是地方政府的重要职责，地方环境治理的效果决定了居民对地方政府的"用脚投票"。在上级政府与地方民众的双重压力之下，地方政府还有其自身组织利益，组织的目标在于实现组织利益最大化，即在与其他地方政府的竞争中取得优势，地方政府内部利益的不一致决定了跨域环境治理必然是地方利益内部与地方利益之间协调与妥协的结果。

本章小结

本章围绕跨域环境治理中的地方政府合作困境,由表及里依次对合作困境的外在表现、内部机理及深层诱因进行了层层剖析。首先,地方政府合作作为一个过程,包括三个阶段:达成协议、执行协议和监督落实情况。三个阶段的环形互动,勾勒出了地方政府合作行动的路线图与内在运行逻辑:地方政府间首先就跨域环境问题进行协商,达成合作共识,并将这种共识以合作协议的形式加以确认,进而执行机构对合作协议加以落实,并通过对监督机制的运用来保证执行效果。作为动态过程的地方政府合作在运行的各个阶段都存在利益冲突,多元利益主体为了实现自身利益诉求而展开了利益博弈,造成了合作困境,从外在表现上看,合作困境表现为达成合作难、协议执行难和执行监督难三个方面。

其次,从博弈论视角观察,作为理性经济人的地方政府也是博弈局中人,其策略集包括"合作"与"背叛"两种,在不知晓其他地方政府策略选择的情形下,出于自身利益的考虑,地方政府的占优策略必然是"背叛"。笔者从简化模型与一般模型出发对地方政府合作困境的内部机理进行了阐述,依博弈结果所示,从个人理性出发的地方政府行为并不会自动产生集体理性,合作的"集体行动困境"有其必然性,但这并不意味着地方政府合作绝对不可能发生,模型仅是对现实的"简陋"模拟,其成立建立在严格的条件假设之上,放宽条件假设,就能够找到合作的可能性条件,但是真正走出合作困境,仅有合作的可能性条件还不够,科学合理的制度设计也是十分必要的。

最后,模型演绎揭示出了地方政府合作困境的发生源于利益博弈,但是其背后错综复杂的利益关系以及利益矛盾与冲突是如何展开的,这些问题才是地方政府合作困境的深层诱因与内在根源,跨域环境治理中的地方政府合作包括地方利益之间、区域利益与地方利益间以及地方利益内部三个层面的利益关系,相应地,利益矛盾与冲突也围绕这三个层面的利益关系展开:区域利益与地方利益间矛盾体现在两个方面,其一是区域整体利益与地方局部利益的碰撞;其二是经济发展与环境保护间矛盾;地方间利益矛盾主要表现在两个方面:其一是压力型体制下的地方政府间利益竞争;其二是地方政府双重属性下的利益矛盾;地方政府内部的利益主体分别有代表个体利益的地方政府官员、代表部门利益的地方政府部门以及代表组织利益的地方政府三个层次,不同利益主体因利益诉求不一致而存在矛盾与冲突。

第四章
利益协调：跨域环境治理中地方政府合作行动的实现

地方政府合作的过程也是地方间利益博弈的过程，合作的每一个阶段都充满了利益矛盾与冲突，这是合作困境产生的深层诱因。而实现跨域环境治理中地方政府合作的关键在于进行横向地方间利益的协调。围绕横向利益协调，首先需要建立横向利益协调平台，其次要确定横向利益协调原则，最后要构建横向利益协调机制。

第一节　合作组织：横向利益协调平台的构建

合作组织是地方政府间进行横向利益协调的平台，按照制度化程度，合作组织可以划分正式合作组织与非正式合作组织两类；这两类组织都有其存在的根据，因为不同类型的合作组织适用于不同的合作问题，最终以哪类合作组织为主则取决于合作风险与交易成本，合作问题越复杂，合作风险越高，对合作组织的制度化程度要求越高，相应的交易成本也越高。

一、合作组织的类型

合作组织是地方政府合作行动中不可或缺的平台或载体，合作参与方通过合作组织的建立增加了交流的频率和深度，为地方政府间合作关系的持续奠定了基础，这有助于降低合作过程中的不确定性，增强合作的稳定性。不同的学者从不同的角度对合作组织进行了不同的类型划分，大体而言，可以划分为正式组织与非正式组织两类，从横向利益协调角度看，正式组织是地方政府间制度化的横向利益协调平台，权威性较高；而非正式组织更多依托于地方政府间的口头承诺、交流互访、不定期会谈等，属于非制度化的横向利益协调平台，其权威性较低。当然，正式组织与非正式组织只是一种粗略的划分，在区域公共问题的治理当中，还可以通过多种角度进一步观察。

第一种角度，合作组织的实体性程度。从组织的实体性来看，正式合作组织大多是实体性的，非正式合作组织大多是非实体性的。[1] 实体性组织指的是作为合作参与者的各地方政府共同组建起来的有常设组织机构、专门的工作人员及独立运行所需的资源与权限的组织，该类组织既可以作为合作各方进行协商与谈判的平台，也可以作为合作承诺执行的组织载体；而根据是否具有独立的财源与权限，实体性合作组织又划分为两类：一类合作组织既有独立的运行机构与工作人员，又有独立的财力与权限，被称为政府间合作理事会或委员会；另一类是仅有独立的组织机构与工作人员，而没有独立的财力与权限，通常表现为政府间伙伴关系。非实体性合作组织指的是不存在独立运作机构的合作组织，该类合作组织的形式可以是如合作推进小组、指挥部或办公室等议事协商领导机构；也可以是定期举行的协调会、联席会议、座谈会等；还可以是定期或不定期的交流互访、合作论坛、专题研讨会等。既可以表现为地方政府间进行协商议事的平台，也可以是地方政府间进行互动的关系网络。

正式合作组织和非正式合作组织在地方政府横向利益协调方面的作用是不同的。拥有实体性机构的正式合作组织对地方政府间利益关系的协调力度和协调效率都较为理想，特别是拥有独立运作资源与权限的正式组织对于地方政府间利益关系的协调力度最大，也最能够保持地方政府间合作关系的持续性与稳定性。但是正式组织通常需要地方政府让渡更多的权限，地方政府行动的自主性因而降低。因此，对正式组织的选择需要从降低不确定性的成本与多大程度上保持地方政府行动自主性两方面进行考量；不拥有实体性机构的非正式合作组织虽然在利益协调力度和利益协调效率上都不及正式组织，但地方政府能够在相当程度上保持自主性，因此其应用范围非常广泛，尤其是在跨域环境事务日益增多的情况下，非正式合作组织在利益关系较松散、利益主体牵涉面较小的很多问题上有较强的适用性。

第二种角度，合作组织的演进过程。从地方政府合作组织的演进角度看，正式组织与非正式组织并非截然对立的，而是一个制度化水平不断增强的"成长过程"，因而处在一个连续的"制度化水平光谱"上。根据 Richard C. Feiock（2013）的研究，合作组织大体上会经历非正式政策网络、合同制与区域权威委托三个阶段，每个阶段都会产生不同形式的合作组织形式，如工作组与多重自组织系统、服务合同、伙伴关系与政府合作委员会、单一目的特别行政区、多重目的特别行政区等。

---

[1] 潘小娟，余锦海．地方政府合作的一个分析框架——基于永嘉与乐清的供水合作［J］．管理世界，2015（7）：172-173．

不同合作阶段对横向利益关系的协调要求不同，地方政府所需要的合作组织类型也不相同，所处理的地方政府间横向利益关系也不相同。一般来讲，非正式政策网络产生于不存在中心权威的地方政府间，基于网络的交互关系能够帮助地方政府发现更不容易违约的行动者进行合作，进而降低了交易成本，这种合作组织只能进行简单的利益关系协调，例如各方刚刚就跨域环境合作达成共识，但尚未开展深入合作的时候；合同制将行动者的相互行动捆绑在一起，合同关系的建立需要行动者的同意，因此，合同制最大限度地保留了地方政府自主权的同时，也为地方政府所面临的外部性问题的解决提供了一个更正式的机制，这种合作组织相当于以市场交易的方式进行利益协调；区域权威委托制度化水平最高也最正式，地方政府将权力委托给能够直接行动的权威或者区域组织，这样高一层的权威创造了一个新的政府单元或者能够直接引导行动单位行动的干预性权威，但是也要注意到，这种依赖中心权威的利益协调平台的政治与行政成本极高，因此限制了其应用范围。❶

总体上看，尽管当前我国基于跨域环境治理的地方政府合作组织的数量不断增加且类型渐趋多样化，但是其制度化程度仍然较低，缺乏正式且有权威的区域环保机构，从合作组织内部看，合作小组办公室的成立大多没有法律依据，人员编制与经费来源有限，抽调其他组织人员打造的班底具有召集的临时性，其编制与工资仍由原单位管理，合作小组的活动能力大大受限，因此对地方政府间横向利益协调的力度和效率都比较低，有待于进一步加强建设。

二、合作组织的构建

（一）选择标准：净收益最大化

地方政府建立跨域环境的合作组织，实际上意味着让渡一定的行政权力。所谓"行政权力让渡"指的是作为合作参与者的各地方政府将某一种或几种权力（合作的决策权、执行权与监督权）交给合作组织，进而构建起区域一级的管辖权，❷ 其实质是"行政管辖权交易"，这是地方政府进行跨域环境合作治理的权力基础，❸ 其作用是通过区域管辖权的建构以弥补区域一级法定治

---

❶ Feiock R C. The Institutional Collective Action Framework [J]. Policy Studies Journal, 2013, 41 (3):397-425.

❷ 彭彦强. 论区域地方政府合作中的行政权横向协调 [J]. 政治学研究, 2013 (4): 40-49.

❸ 彭彦强. 行政管辖权交易：地方政府合作的权力基础 [J]. 中共四川省委党校学报, 2009 (4): 41-44.

理主体的缺失。因此,地方政府合作组织的建立存在着交易成本的问题,这种交易成本的大小在很大程度上决定着横向利益协调平台能否建立起来。

合作组织之于合作问题的契合性直接决定了其实际效益,因此,选择合适的合作组织能够起到事半功倍的合作效果。从制度经济学的交易成本理论分析,地方政府参与合作组织的动机来自预期净收益的最大化,而预期净收益是合作收益与合作成本的差额。合作收益为地方政府在合作中所能获取的全部收益,合作成本为地方政府现在及将来所付出的所有成本,包括信息、讨价还价及集体行动的执行成本;此外,合作组织的建立也面临着风险,这是制度性集体行动问题所施加给地方政府的,包括协调风险、分配风险与违约风险,当地方政府试图组织跨区域活动时,协调风险产生,如果协调时需承担一系列任务活动,不协调的风险产生。分配风险源于尽管存在共同利益,但是地方政府间在利益分割与分配中产生分歧的情况,当信息不完全时,潜在的集体行动参与者存在"搭便车"的可能性。违约风险源于合作协议中某一参与者的决策会使其他参与者的情形更糟,即参与者间存在相互冲突的利益。当合作风险较低时,可以选择交易成本较低如嵌入式关系中非正式政策网络等合作组织,当合作风险较高时,相应的合作组织的构建成本也较高,此时区域权威委托等合作组织形式成为合理选择。

因此,合作组织的选择标准就是净收益最大化,包括合作风险与交易成本最小化,合作收益最大化。❶

(二) 地方政府合作组织的构建

首先,为了实现跨域环境问题的治理,需要对区域内各地方政府进行协调,如果区域内地方政府间的异质性程度较高,此时协调风险增加;其次,跨域环境治理是地方政府间共同利益所在,而合作治理需要地方政府间共同行动,合作行动成本分担与收益分配的问题最为关键,但也最容易产生分歧,合作成本与收益是固定的,一方收益的增加会导致另一方收益的减少,分配风险会随之增加;最后,由于地方政府间在成本收益分配问题上存在利益冲突,一方的决策有可能会导致另一方利益受损,背叛风险由此产生,当地方政府信息获取受限且对未来预期的不确定性与机会主义增加时,背叛风险更

---

❶ 有关于合作组织的选择问题,笔者主要参考了 Feiock 教授的制度性集体行动 (ICA) 框架,他认为合作组织的选择应充分考虑合作风险与交易成本,选择标准是合作风险与交易成本最小化,合作收益最大化。参见 Feiock R C. The Institutional Collective Action Framework [J]. Policy Studies Journal, 2013, 41 (3): 397-425.

高，然而实际上，在达成合作、执行协议与监督的每个阶段，地方政府都存在着背叛风险。因此，在跨域地方政府环境合作组织的建设过程中，要时刻注意降低合作风险，特别是要防止其他地方政府的机会主义行为，切实减少背叛风险。

在我国，跨域环境治理中地方政府合作组织的建立往往少不了中央政府的介入。毕竟，相对于其他类型的区域公共问题，跨域环境问题的协调风险、分配风险与背叛风险都相对较高，尤其是当地方政府间异质性程度较高且彼此缺乏有效沟通的情况下，单纯依靠地方政府间的自主合作难以实现协调，从而难以构建横向利益关系的协调平台，加剧地方政府合作困境；因此，中央政府的介入十分必要。机构嵌入是中央政府纵向嵌入的一种工具类型，❶它指的是根据区域合作治理的需要，中央政府牵头区域内各地方政府或政府职能部门组成区域议事协调机构，以实现区域合作问题解决。机构嵌入的方式有区域合作协调（领导）小组、中央政府牵头成立的区域内地方政府间正式或非正式联盟、跨域合作机构等，其目的在于解决合作风险较高情况下的地方政府间合作问题。区域合作领导小组制度化程度较高，相对于其他非正式合作组织而言，具有相当的权威性，这对于加强央地之间的互动交流、促进地方政府间充分的沟通合作有一定积极意义，但机构嵌入工具的应用也要注意地方政府利益诉求的充分表达，在设立跨域合作机构时，要处理好区域层面与地方层面权力分配关系，避免出现"多头治理"的局面。

第二节 合作规则：横向利益协调原则的制定

合作中的成本收益如何分配是横向地方间利益协调的关键内容，直接关系到合作行动的成败。合作规则即是有关成本收益分配方案的制定原则问题。就跨域环境问题而言，合作的目的在于共同治理环境问题，避免环境问题的扩散与蔓延，其所产生的合作收益较为难以分割，因此，合作规则的制定焦点在于合作成本的分担，合作收益位于次要位置。而合作规则的制定建立在地方政府间异质性基础之上，异质性为地方政府间成本分担机制的建立提供了可能性条件，本节主要从博弈模型的角度探讨异质性与成本分担机制的建立。

---

❶ 邢华，邢普耀. 大气污染纵向嵌入式治理的政策工具选择——以京津冀大气污染综合治理攻坚行动为例 [J]. 中国特色社会主义研究，2018，141（3）：83-85.

一、跨域环境治理中地方政府间异质性

对于跨域环境治理问题来说,区域内地方政府间异质性是其主要特征之一,这种异质性既体现为区域内各地方政府间经济发展的差异性及地方政府对区域生态环境保护支持力度的差异上,也体现为不同辖区风俗文化、历史传统、市场经济发展程度及生态环境保护意识的差异,其中前者是可观测到的差异,后者则是不可观测的差异。区域内地方政府间这种显性与隐性兼具的异质性一方面造成了我国区域内经济发展不平衡,另一方面也是我国跨域环境合作治理的客观基础。2015年颁布的《生态文明体制改革总体方案》中就指出要建立环境污染防治的区域联动机制,对我国区域环境治理联动机制改革做出了重要战略部署。事实上,要想实现我国跨域生态治理的联防联动,必须充分利用区域内地方政府间异质性特征,实现跨域生态环境保护的双赢。❶ 跨域环境治理中地方政府间异质性主要体现在以下几个方面。

(一)区域环境产品正外部效应的非对称性

区域环境产品指的是能够维系生态安全、实现生态调节、为人类提供良好的宜居环境的产品与服务的总称,如清洁的空气、良性循环的河流、宜居的气候环境等。区域环境产品在传统农业时代的供给是充分的,但是进入工业时代后区域环境产品的供给开始不足且质量明显恶化,新时代为了实现人与自然的和谐发展,需要努力改善区域环境产品供给质量,提供令人民群众满意的区域环境产品。但是作为公共产品,区域环境产品存在不同辖区、不同群体的需求程度差异,区域环境产品的正外部效应在不同经济发展水平与不同生态承载能力的地区间也是不对称的。总体来说,区域环境产品对于经济发展阶段高、人民收入水平高与对区域环境产品需求层次高的地区的正外部效应要高于经济发展阶段低、人民收入水平相对较低与对区域环境产品需求层次较低的地区。

(二)区域环境产品需求的层次差异

区域环境产品的需求及弹性差异受辖区收入水平的影响,对于经济较为发达地区而言,区域环境产品更多地表现为必需品,辖区居民对其的需求弹性变化不大;而就经济欠发达地区而言,经济发展是其第一要务,相应地,

---

❶ 汤学兵,孙祥辰,汤正如. 新时代我国区域异质性与跨区域生态保护联动[J]. 领导科学论坛,2018(12):31-32.

地方政府对区域环境产品的供给意愿不足，辖区居民对区域环境产品的需求弹性较大。不同地区间区域环境产品需求弹性上的差异直接关系到不同区域对区域环境产品供给的成本—收益评价，具体来说，经济发达地区一般对区域环境产品的价格变化不敏感，更愿意为区域环境产品供给支付成本，而经济相对欠发达地区则对区域环境产品的价格变化异常敏感，相应的其支付意愿也更低。

（三）环保资金投入的差异性

由于各地区经济基础与发展阶段的不同，面临的阶段性发展任务也不同，经济发达地区一方面市场化程度高、对外资依赖强、科技密集型产业发展迅速，另一方面其环境问题也更严重，"大城市病"、水污染与大气污染等区域环境问题日益突出，转变经济发展方式，治理"大都市病"与改善区域环境产品供给是其面临的主要任务，相应地，其在治理污染上的投资金额与比例也会更高；而经济相对落后地区产业结构落后，基础设施建设薄弱，承接发达地区的产业专业与实现产业结构转型是其主要任务，相应地，其治理污染的投资金额与比例较发达地区会更低。

区域内地方政府间的异质性的客观存在既是跨域环境合作治理难以有效推进的深层次原因，也为跨域环境合作治理提供了某种契机，原因在于区域内地方政府间的异质性同时也意味着区域内各地方政府间的互补性，为发挥各地方政府间合力，实现跨域环境合作治理提供了可能。如果能够充分发挥区域内各地方政府优势，我国跨域环境问题的联防联动将取得更突出的治理效率。而这又取决于异质性条件下合作规则的制定，有效的合作规则能够充分发挥合作各参与方优势，引导参与方间形成合力，共同推进合作行动的顺利开展。

二、地方政府间异质性条件下成本分担的差异化

区域环境产品需求弹性的差异直接关系到不同区域对区域环境产品供给的成本—收益评价，具体来说，经济发达地区一般对区域环境产品的价格变化不敏感，更愿意为区域环境产品供给支付成本，而经济相对欠发达地区则对区域环境产品的价格变化异常敏感，相应地，其支付意愿也更低。区域内地方政府间异质性所造成的对跨域环境合作治理成本承担能力的差异决定了有必要设计合理的成本分担机制，而在制定成本分担机制的过程中，应遵循哪些原则，这是合作规则主要解决的问题。

笔者通过博弈论模型的构建对地方政府间异质性进行分析。在合作困境的博弈模型构建中，模型成立有其严格的假设条件，然而实际上，严格满足这些条件假设的区域公共产品几乎不存在。在保持其他假设条件不变的情况下，放宽博弈者间同质性假设，得到修改之后的博弈模型。[1]

（一）博弈定义

（1）博弈者、策略集与信息集与上一模型相同。

（2）收益函数：$U_i = f_i(\sum_{i=1}^{n} C_i) - g_i(C_i)$，其中 $f_i: R_{\geq 0} \to R_{\geq 0}$ 为消费收益函数，$g_i: R_{\geq 0} \to R_{\geq 0}$ 表示博弈者的成本敏感函数。二者皆为贡献量 C_i 的实增函数，并且 $f_i(0) = 0$，$g_i(0) = 0$。

（二）博弈假设

（1）博弈者具有异质性，这种异质性表现在其消费收益函数上，即 $f_i \neq f_j$，且 $i \neq j$，不同的博弈者消费等量的区域环境产品所得收益不同；不同博弈者对区域环境治理的成本敏感性也不同，表示为 $g_i \neq g_j$，且 $i \neq j$。

（2）由于博弈者间异质性的存在，那么可以假设并非所有博弈者的收益函数都是边际收益小于边际成本，即 $\frac{\partial U_i}{\partial C_i} < 0$，$\forall C_i \geq 0$。

（3）其他假设同上一模型相同。

（三）博弈均衡

假设博弈者集可以划分为两个互为补集的子集，即 $P = A \cup B$。其中子集 A 内的博弈者收益函数边际收益大于边际成本，即 $\frac{\partial U_i}{\partial C_i} \geq 0$，$\exists C_i \geq 0$，子集 B 中博弈者收益函数边际收益小于边际成本，即 $\frac{\partial U_i}{\partial C_i} < 0$，$\forall C_i \geq 0$。此时的均衡策略集为 $S^* = \{C_i^* = c_i > 0: i \in A\} \cup \{C_j^* = 0: j \in B\}$，其中向量 $C_i^* = \{c_i: i \in A\}$ 是方程组 $\frac{\partial U_i}{\partial C_i} = \frac{\partial f_i(\sum_{i=1}^{n} C_i)}{\partial C_i} - \frac{\partial g_i(C_i)}{\partial C_i} = 0$，$i \in A$ 的解。均衡

---

[1] 模型部分笔者对庞珣在国际公共产品中构建的模型进行了修正，得到适用于国内区域公共产品的博弈模型。庞珣. 国际公共产品中集体行动困境的克服 [J]. 世界经济与政治，2012（7）：24-42.

收益集为 $U^* = \{U_i^* = f_i(\sum_{i \in A} c_i) - g_i(c_i) : i \in A\} \cup \{U_j^* = f_i(\sum_{i \in A} c_i) : j \in B\}$。如果给定方程 $f_i(\cdot)$ 和 $g_i(\cdot)$ 的表达式，则方程组可以解出。均衡解取决于方程组的解：方程组有唯一解，则均衡解也唯一；方程组有多个解，均衡解也有多个；方程组无解，则不存在均衡。

从以上博弈模型可以看出，利益与资源的差异性决定了区域内存在对于跨域环境治理的要求更为迫切，且具备雄厚经济实力的强势行动者，这种行动者的存在无疑对于助推跨域环境合作有着积极意义，强势行动者在跨域环境合作中往往能够起到带头作用。推动区域内行动者就环境问题签订合作协议，对于合作的成本分担问题有更多的话语权，也更愿意做出部分牺牲以就环境议题达成合作，从长远来看，这对于强势行动者扩大其在区域内的影响力，增强其话语权有着重要作用。与此同时，对于区域内在环境议题上边际收益小于边际成本的弱势行动者来说，由于其资源限制或战略考虑在初期没有能力或意愿负担区域环境治理的成本，在强势行动者的先行带头及牺牲下，其收益函数的位置与形状发生了改变（前提是其收益函数为成本的非线性函数）。这种情况下，区域环境产品的供给量随之增加，跨域环境合作得以实现。

奥尔森将可能形成合作的相容集团进一步划分为特权集团、中间集团与潜在集团，❶ 强势行动者属于合作中的"特权集团"，他们能够在即使承担全部成本的前提下也愿意提供区域环境公共产品；而弱势行动者大多属于"中间集团"，❷ 由于其资源限制或政策偏好，他们在合作初期没有能力或意愿负担区域环境治理的成本，但在强势行动者的先行带头及牺牲下，其收益函数的位置与形状发生了改变，❸ 特别是在获得选择性激励的条件下，他们更愿意提供区域环境公共产品，甚至在强势行动者没有足够的动力单独提供区域环境公共产品时，通过有针对性的"选择性激励"的实施也可以推动弱势行动者提供公共产品。

三、成本分担能力差异下横向利益协调原则的制定

跨域环境问题产生的历史根源、各地区治理能力的差别及环境问题的严

---

❶ 孙杰. 合作与不对称合作：理解国际经济与国际关系 [M]. 北京：中国社会科学出版社，2016：53-55.

❷ 由于合作需求的存在且合作参与者规模有限，因此地方政府大多不属于"潜在集团"亦即不会是那种即使给予激励也不会参与提供的集团。

❸ 前提是其收益函数为成本的非线性函数。

重程度决定了跨域环境合作治理应遵循的总体原则是"共同但有区别的责任";其中,强势行动者在跨域环境合作治理中应起到带头作用,在横向生态补偿中对于那些经济相对欠发达,但是在环境保护中承担主要责任的地区进行相应的生态补偿,这种生态补偿可以表现为直接的横向转移支付,也可以表现为对口技术援助,帮助落后地区脱贫,从根源上解决其生态困扰;对于弱势行动者,要注意充分发挥中央政府的"选择性激励"作用,依靠中央政府的权威力量来推动区域生态补偿政策的有效实施,进而提高其跨域环境合作的积极性。

(一) 总体原则:共同但有区别的责任

共同但有区别的责任产生于全球环境治理领域。全球环境治理的整体性与环境退化的多样化原因决定了各个国家对全球性的环境保护应承担共同但有区别的责任。共同但有区别的责任包括两方面内容,分别是共同的责任与区别的责任。二者相互联系又有所区分,前者指的是全球环境问题的治理要全体成员共同参与治理,不论成员间的贫富悬殊、实力大小,都对全球环境治理负有责任。后者则细化与限定了各成员间的责任分摊。基于全球环境问题产生的历史根源与成员间治理能力的差异,各成员间承担的责任不是平均的,遵循正义理念,发达国家应承担环境治理的主要责任,原因在于它们最早进行工业革命,对环境破坏的责任最大;发展中国家负有次要责任,应以发展经济与消除贫困为首要任务,承担的环境责任较轻。

我国跨域环境治理同样面临着权责分配的冲突与矛盾,具体表现在:第一,经济欠发达地区的环境问题突出。经济落后地区往往是重要的生态屏障,而由于落后地区产业结构的不合理,第二产业往往是其主导产业,因此其环境恶化严重,对整个区域环境都产生了不利影响。这就造成一方面,经济欠发达地区对于区域环境质量的改善至关重要,另一方面其落后的经济状况与环境问题交织在一起,形成恶性循环,河北省的环京津贫困带即是典型案例;第二,跨域环境问题的责任主体难以界定。随着区域一体化程度的加深,工业生产所产生的污染源往往借助大气、河流、湖泊等介质而传播与扩散,形成了跨域环境问题。跨域环境问题的成因非常复杂,污染治理的责任主体往往难以界定,大大增加了跨域环境治理的难度;第三,区域生态补偿不完善。当前我国生态补偿工作由国家相关职能部门主管,存在生态补偿主体不够明确,补偿标准较低的问题,具体来说,经济落后地区往往承担了环境治理的主体责任却又得不到应有的生态补偿,治理积极性受挫。我国区域生态补偿机制整体上还不够完善，处于起步阶段，不符合我国当前跨域环境问题现状，亟待进一步充实与完善。

要协调不同地区在责任分担方面的利益冲突，就要落实"共同但有区别的责任"：一方面要求区域内全体成员公平地承担环境治理责任，另一方面基于跨域环境问题产生的根源，要求各成员承担有区别的责任，即经济发达地区以资金、技术援助的形式帮助欠发达地区摆脱贫困与改善环境质量。这种责任分担原则既满足了跨域环境治理的环境正义要求，同时也符合我国环境治理的总体价值追求。

具体来说，共同责任要求跨域环境治理主体树立生态文明的价值理念，积极推动辖区内企业转变生产方式，实现绿色生产；区域内各地方政府要主动打破行政壁垒，从生态系统的整体性与全局性上去统筹环境保护工作。区域内地方政府要形成合作共治的环保理念，建立起生态环境治理的共容利益，将环境治理的"溢出效应"视为长期相互受益的共同利益，从区域整体与长远的环境利益出发，共同参与跨域环境问题治理；但是，跨域环境问题成因复杂，多个主体的环境污染行为产生、发酵、交织在一起，最终形成了跨域环境问题，因此，各主体应承担有区别的责任以体现"环境公平"。从环境问题产生的历史根源上看，经济发达地区早期的经济发展行为与后期的产业转移是跨域环境问题产生的主要原因，并且经济发达地区的治理能力要高于欠发达地区，因此，在跨域环境治理中经济发达地区应承担主要责任，需对欠发达地区进行经济援助与技术支持。从生态补偿责任看，区别责任体现在应该根据不同群体行为的环境污染程度来确定相应的生态补偿责任，对于治污责任大而治理能力不足的主体要重点进行生态补偿，以保障其发展的权利。

（二）生态补偿机制的构建

博弈者间异质性及差异化的成本敏感性造就了跨域环境合作的强势行动者，根据"共同但有区别的责任原则"，成本分担能力较强的地方政府，可以依托其优势的资源占有比例及在当前制度约束下对比较利益的权衡而主动承担起跨域环境治理的主体责任，也可以通过对弱势地方政府进行"选择性激励"以改变其收益函数，从而"撬开"跨域地方政府环境合作困境的"枷锁"。受益地区对生态保护地区的补偿是横向生态补偿的重要领域，具体来说，生态保护地区往往也是经济发展较为薄弱的地区，受益地区由于经济发展水平较高，可以视为跨域环境治理中的强势行动者，受益地区对于生态保护地区的横向生态补偿除了资金补偿的方式之外，还可以通过对口援助、人

才培训与指导、产业转移、共建园区的方式形成输血与造血并行不悖的长效生态补偿机制，进而提高生态保护地区的经济发展水平。❶

不过，按照奥尔森的集体行动逻辑，虽然大集团中要想实现集体行动必须有针对性地对成员实施选择性激励，但是强势地方政府未必愿意对弱势地方政府进行横向生态补偿，即使愿意进行，还存在补偿资金数额、补偿方式和补偿限度的问题，强势地方政府也担心弱势地方政府的机会主义行为，比如将补偿资金用于经济建设而非生态治理等。❷在强势地方政府对横向生态补偿顾虑重重的情况下，可以由中央政府暂时对弱势地方政府进行生态补偿，以激励其进行环境问题治理。具体来说，中央政府的"选择性激励"包括三个部分：第一，中央政府通过强化生态文明建设理念，制定具体的环境政治任务，在干部绩效考核中增加环境保护的权重，加大对环境保护的转移支付力度等手段来增强地方政府对跨域环境治理中绝对收益的重视，从总体上形成中央对地方政府环境治理行为的激励模式；第二，中央政府以纵向生态补偿的形式对于那些边际收益小于边际成本的"中间集团"进行"选择性激励"，以弥补其财政缺口，调动其区域环境产品供给的积极性，纵向生态补偿主要表现为中央对地方自上而下的生态转移支付，这种一般性的转移支付通常是专款专用，不可避免地会出现转移资金与地方需求不完全匹配的状况；第三，除了积极的奖励与补偿之外，消极的惩罚机制能够形成对跨域环境治理主体的威慑，促使跨域环境治理主体避免环境合作治理中的机会主义行为，形成跨域环境治理主体间的合力，推动地方政府间合作行动的顺利开展。

第三节　合作机制：横向利益协调路径的优化

合作机制是实现跨域地方政府间环境合作的重要保障。地方政府间合作机制包括协商机制、执行机制与监督机制。完善的合作机制不仅意味着三者建构的科学合理性，也意味着三个机制之间协调运行的有效性。地方政府间的合作作为一个过程，利益博弈贯穿合作过程的始终，为了消解合作困境，协调利益矛盾，对于横向利益协调路径的优化至关重要，合作机制的完善则是地方间横向利益协调的关键。

---

❶ 党丽娟．横向生态补偿多样化的补偿方式探析［J］．环境保护与循环经济，2018（10）：2-3.
❷ 孙杰．合作与不对称合作：理解国际经济与国际关系［M］．北京：中国社会科学出版社，2016：53-56.

第四章　利益协调：跨域环境治理中地方政府合作行动的实现

一、协商机制的完善

协商机制是地方政府间合作行动的现实起点。所谓协商机制，指的是各地方政府通过一定的协商平台表达其利益诉求，并本着自愿、平等与共赢的原则就各方想要达成的合作目标与合作内容进行充分的沟通与协商，并建立起一种合作共识的机制。从概念中可以看出，协商机制的完善首先应该建立公开的协商谈判机构，其次，协商机制建立的目的在于制定成本收益分配规则，因此应该设计执行性强的协商协议，最后，针对各地方政府间不同的利益偏好与可能发生的利益冲突，应构建有效的利益共享机制。

（一）建立公开的协商谈判机构

协商谈判是地方政府合作行动的首要环节，只有通过协商谈判，各合作参与方才能确立清晰的成本分配规则。协商谈判的顺利进行离不开一定的组织载体与平台，这就是协商谈判机构。[1]所谓协商谈判机构，指的是所有合作参与者能够平等地表达自身的合作意愿、偏好，并进行协商谈判的平台。通过协商谈判平台，各合作参与方能够充分传递自己的声音，并在协商谈判的过程中实现自身利益。但是需要看到，协商谈判是个反复的过程，各地方政府只有通过一轮轮的、拉锯战式的"讨价还价"过程才有可能找到利益博弈的均衡点，进而就成本分担方案达成共识。

在组建协商谈判机构的过程中，其一是要确保各地方政府都有自己的利益代表，具有同等的发声权，能够平等地表达自身利益诉求，以确保合作协议充分反映各方利益诉求；其二是为了确保论坛的权威性，上级政府作为合作的高位协调者应该发挥至关重要的作用，或者直接主持召开论坛与介入论坛议事日程，或者由合作的地方政府轮番参与主持，中央政府要从外部发挥对论坛的监督作用，以保证论坛达成协议的有效性，确保论坛效用的有效发挥；其三是协商论坛应制定明确的规章制度与协商议事程序，本着公开公正的原则保证各合作方在程序正义的基础上平等参与，充分表达意见；其四是秉持灵活性的原则，在正式的协商谈判论坛之外，各地方政府还可以按照实际需要，根据协商谈判的子任务在各部门或机构间成立正式或非正式协商论坛，进而构建起多层次、多元化的协商谈判网络，为协商机制的完善提供有效的组织保障。

---

[1] 潘小娟. 地方政府合作研究［M］. 北京：人民出版社，2016：177–179.

（二）确立多元化的协商主体

地方政府间跨域环境合作治理过程中存在各种各样的利益相关者，因而协商主体具有多元化特征。❶ 依据不同协商主体在协商中作用的不同，将其划分为三类，这三类协商主体相互作用、相互影响，共同构成一个协商网络，在跨域环境合作治理中发挥着作用。

第一类是中央政府及其相关职能部门。它们往往作为协商发起者或协商仲裁者而存在，在跨域环境合作治理中地方政府间就成本收益的分配会产生利益冲突，作为平等的合作者，这种利益冲突往往难以通过平等的协商解决，或者地方政府间在跨域公共服务合作中缺乏足够的合作意愿而不愿合作，这种情况下，中央政府及其相关职能部门的作用得以凸显，它们作为协商发起人与利益冲突的仲裁者，对于地方政府间建立合作共识，进行合作协商起到了重要的推动作用。

第二类是有直接利益相关性的地方政府。作为协商主体的地方政府包括作为组织的地方政府与地方政府官员及利益相关者两部分内容。当地方政府间合作意愿较为强烈且有明确的合作预期的情形下，地方政府间往往可以进行平等的沟通与协商，形成合作共识，并就合作行动规则进行讨论与协商。协商谈判的进行需要地方政府具备一定的沟通交流技巧，这种技巧要求地方政府用柔性的协商与谈判方式代替刚性的竞争冲突式的解决方式。

第三类协商主体指的是作为利益相关者的公众、非政府组织与专家学者。跨域环境合作治理直接关系到区域内居民的生活质量，因此，非政府组织、专家学者与公众作为第三类协商主体而存在。专家学者通过各种学术论坛、期刊、座谈会来表达利益诉求并试图对公共服务决策施加影响，公众通过网络、听证会等多种形式表达其在跨域公共服务中的需求，非政府组织作为地方政府与公众的一个重要纽带，公众可以通过非政府组织向地方政府表达其利益诉求。

（三）设计执行性较强的合作协议

协商的目的在于就成本收益分配达成一致，而合作协议就是以契约的形式将合作各方权力与责任加以确认的过程，地方政府间在这个过程中建立起以契约为保障的信任关系。合作协议的执行直接关系到合作行动的效果，因

---

❶ 尹艳红．地方政府间公共服务合作机制［M］．北京：国家行政学院出版社，2013：132-138．

而，制定执行性强的合作协议是协商机制的一个重要目的。

合作协议涵盖的范围很广，从政府部门间"握手"到正式合同文件的签署，都是合作协议的范畴，大体来说，合作协议可以划分为正式协议与非正式协议两类。非正式协议作为一种对话合作式的合作方式，主要通过地方政府间信任与互惠关系的建立来发挥作用。一旦地方政府间形成真正的信任互惠关系，合作成员就能够被凝聚在一起，相互尊重、相互理解，共同信守合作承诺，进而形成合作的正向激励与反馈。非正式协议下地方政府可以保持较高的自主性，其作为独立利益个体的偏好与需求能够得到充分考虑，但是缺少法律依据，约束性较差。

一般来说，正式协议大多对区域合作的机构设置、权责界定、合作主体的权力与义务、合作资金与人员管理等进行了规定，对合作参与者的约束性较高，其优点在于增进承诺的可信性，减少合作中的机会主义行为等不确定性。从而，增强了合作的稳定性与持续性。其缺点在于地方政府的自主性较低，地方政府作为理性行为体的独立利益偏好与需求无法充分地体现出来。非正式协议相对于正式协议往往比较灵活，它不需要明确规定任务、下达指标与追究违约责任，风险性更低，当地方政府间因为某个共同议题而临时组合到一起，此时非正式协议以其灵活性而更适用；非正式协议的建立也有可能促使地方政府间形成长效的合作机制，原因在于非正式协议可以增进合作各方间的信息交流，降低合作的信息成本，可以构建起合作各方间的信任关系，进而降低监督约束成本，这种建立在信任与平等的信息分享基础上的合作关系可以正向积累与沉淀，对于构建合作的长效机制有积极作用。

可以看出，正式协议要建立在地方政府间长期信任关系的积累之上，只有经过长期的合作沉淀，正式合作协议才易于达成，正式协议对于合作过程有严密的设计，并力求实现合作成本最小化与合作共赢，地方政府间合作关系在正式协议下不断得到强化，并结成紧密的合作关系结构。但是，跨域环境合作治理作为较为复杂的区域公共问题，不仅涉及环境问题本身的治理，而且涉及产业结构调整、中小企业技术改造、居民取暖供暖等方方面面，这种复杂性决定了合作协议既不能完全依靠地方领导人的带动，也不能单纯寄托于完善的制度与法律体系，因为前者会随着地方领导人的任期制而出现波动，甚至合作中止，后者会打击地方政府进行自主合作的积极性。因此，只有混合使用正式协议与非正式协议才是行之有效的办法，对于合作成本收益分配这类存在利益冲突的问题，需要采用正式协议加以确认，而有关执行的协议可以采用较为灵活的非正式协议。

二、执行机制的健全

执行机制是将跨域地方政府间环境合作落到实处的一个环节。再合理的合作协议，如果得不到有效执行，也会成为一纸空文，执行机制是将合作从理想变成现实的过程。为了提高地方政府间跨域环境合作的执行力，应对执行机制进行合理的制度安排。首先，执行组织与机构是合作执行的组织保障，通过现有执行体系的整合，构建起有效的执行组织系统。其次，执行资源是执行组织机构得以运转的重要保障，并且很大程度上决定了合作协议执行力的强弱。

（一）构建多层次的执行组织体系

区域公共问题解决的关键在于各地方政府间建立起基于协商结果的责任结构，将各地方政府以合力的形式凝聚在一起并形成责任分工，而基于这种责任结构的分工与执行离不开一定的组织平台。❶ 简言之，地方政府跨域环境合作的实现离不开有效的组织载体。运用"整体性治理"❷理念，完整的执行机构体系应包括中央、区域、地方三个层次。

1. 建立中央层面的执行组织机构

在跨域公共事务治理中，由于区域一级法定机构的缺失，中央政府往往需要发挥重要作用。在不存在隶属关系的横向地方政府间合作中，中央政府往往作为协调者与仲裁者而存在，当地方政府间就利益分配问题进行讨价还价，甚至出现冲突与摩擦时，中央政府能够运用行政手段推动地方政府间就利益问题达成妥协与均衡。此外，中央政府还承担着区域合作的发起者与推动者角色，中央政府一方面以国家级的战略措施（如我国的生态文明治理理念和五年规划中的生态目标）来规范与推动地方政府环境治理行为，❸ 另一方面还作为区域合作组织的牵头者，促使地方环境合作目标与中央整体发展规划达成协调统一，并通过财政、行政等手段的运用推动合作的落实，如资金支持、政策诱导和地方政府的政绩评价导向等❹。因此，为了实现跨域地方政府环境合作，应该在中央层面设立相应的部门以鼓励和推动区域合作的进行，

---

❶ 尹艳红. 地方政府间公共服务合作机制［M］. 北京：国家行政学院出版社，2013：155-156.

❷ 竺乾威认为整体性治理的关键特征在于管理从分散走向集中，从部分走向整体，从破碎走向整合. 参见竺乾威. 从新公共管理到整体性治理［J］. 中国行政管理，2008（10）：52-54.

❸ 任丙强. 地方政府环境政策执行的激励机制研究：基于中央与地方关系的视角［J］. 中国行政管理，2018，396（06）：131-137.

❹ 杨龙. 地方政府合作的动力、过程与机制［J］. 中国行政管理，2008（7）：96-98.

当地方政府间合作产生利益矛盾与冲突时,中央政府能够充当调停者与仲裁者的角色。

从国外经验来看,英国梅杰政府于1994年成立了区域政府办公室,其作用在于通过制定区域发展战略来对地区施加影响,该办公室的主要政策议程包括区域环境、社区发展、基础设施等区域公共服务的供给,通过与相邻区域地方政府建立伙伴关系来进而确立本区域战略合作目标并监督其执行。❶ 美国联邦政府也努力从中央层面来促进地方政府间合作,其做法包括向州政府提供法律援助,推动大都市区地方政府间合作关系的建立,将区域合作组织的形式制度化。例如,联邦政府以财政转移的形式对地方政府进行分类援助时,通过要求该地区成立相应的区域协调组织,以制定区域规划并配合联邦政府对区域公共事务的治理。❷

针对我国跨域环境问题,为了强化中央政府在区域环境治理中的权威功能,一方面可以出台致力于区域环境协同治理的规划文件,对区域性经济社会发展规划形成制约与推动,从宏观上对地方政府合作治理跨域环境事务进行引导,推动地方政府间合作的顺利进行;另一方面中央可以制定全国统一的环境法律法规,为地方政府间环境合作协议的执行提供法律依据。

2. 成立区域层面的执行组织机构

从国外经验看,区域层面组织机构的建立是发达国家进行跨域公共事务治理的主要组织保障。❸ 早在20世纪初,美国就进行了地方政府间合作,其成立的区域层面的组织机构包括区域理事会与政府联合会,区域理事会以其自愿合作的特点而备受推崇,地方政府与区域理事会间不存在行政权的让渡或转移,现有的地方政府模式并未受到影响。这种形式的区域组织机构能够在较大程度上保持地方政府的自主性,对于具有前期合作历史积淀的地方政府间合作较为适用。而政府联合会方面,以南加州政府联合会最为典型,该地区经济总量位居全球第十位,作为南加州政府联合会执行机构的区域理事会由65个地区成员组成,资金来源以联邦政府为主,主要负责履行环境保护方面的区域规划。❹

---

❶ 曾令发.探寻政府合作之路:英国布莱尔政府改革研究[M].北京:人民出版社,2010:228-229.

❷ 王旭,罗思东.美国新城市化时期的地方政府:统筹区域与地方自治的博弈[M].厦门:厦门大学出版社,2010:279-280.

❸ 尹艳红.地方政府间公共服务合作机制[M].北京:国家行政学院出版社,2013:154-155.

❹ 王旭,罗思东.美国新城市化时期的地方政府:统筹区域与地方自治的博弈[M].厦门:厦门大学出版社,2010:285-286.

对于我国跨域环境事务而言，推动成立区域环境事务理事会十分必要，以长三角为例，理事会成员由长三角地区各地方政府组成，主席在成员间经选举产生，并报请中央批准，有任期限制，设立相应的组织规章制度与管理细则。区域环境事务理事会从区域全局出发制定区域环境产品供给的政策，下设专门的区域环境事务执行委员会，负责区域内环境合作政策的执行，区域环境事务理事会的成立能够加强央地之间的沟通，保障地方政府间合作协议的有效执行。

3. 强化地方政府跨部门执行机构

地方政府职能部门作为合作协议执行主体，各地方政府职能部门间的合作与配合对于协议执行的成败较为关键。因此，对各省级政府职能部门间的协调十分必要。首先，应该合并职能上重叠或相近的部门；其次，强化各省发改委对负有合作协议执行任务的职能部门的协调，对相关职能部门人员进行培训与管理，提高工作人员的专业素养。

（二）改进执行评估体系

激励制度对执行主体的行为有重要的约束作用，执行评估则是协议执行的重要激励手段。周黎安提出的"政治锦标赛"❶ 模型验证了政府绩效评估对于地方官员的经济发展行为有着重要的激励作用。在跨域地方政府环境合作中，如果能够建立科学的评估体系，协调统一合作协议执行者与委托人之间的利益目标，就能够实现二者的激励相容，激发地方官员合作行动的积极性。

一方面，要将地方政府间环境合作绩效纳入评估内容。从合作问题来看，地方政府间在跨域环境合作治理中可能存在相互竞争的利益关系，如治理成本的分担，这种竞争关系有可能造成地方政府对于相对收益的关注大于绝对收益，合作积极性因此受挫。在我国当前中央对地方的激励手段中，晋升激励起主导作用，地方官员间围绕政治晋升展开了政治锦标赛，彼此间相互竞争，在绩效排名中靠前的地方官员最终会获得提拔。将地方政府间环境合作绩效引入执行评估内容中，能够化解地方政府因为对相对收益的过于关注而导致的合作积极性下降，进而在很大程度上解决了地方政府协议执行的激励难题。

另一方面，需要改进现有的政府绩效评估体系。我国现有的绩效评估体

---

❶ 周黎安. 中国地方官员的晋升锦标赛模式研究 [J]. 经济研究, 2007 (7): 36-50.

系以经济绩效评估为主,地方官员的晋升与经济指标尤其是 GDP 考核紧密相关,地方官员的个人利益与区域经济的增长直接挂钩,二者实现了激励相容。这种绩效评估体系对于推动地方政府经济发展的积极性有重要意义,但是也应看到,它使得地方官员对于有正外部效应的行动关注不足,而对于有负外部效应的行动则激励过度,这对于跨域地方政府环境合作十分不利。因此,要从根本上改变现行评估制度,建立以环境合作治理为考核目标的指标体系。实际上,中央政府已经开始实行对地方政府环境治理行为的考核,如将节能减排与地方官员晋升挂钩,实行对地方官员节能减排目标的考核,对于考核不合格的地方官员实行"一票否决";"河长制"将地方党政首长作为辖区内河流污染治理的主要责任人,将治污情况与官员的职务晋升直接挂钩,对于地方官员加大治污投入有着积极作用。由此可见,绩效评估体系中环境治理指标的加入推动了地方政府间跨域环境合作,在机制设计上实现了环境治理与地方官员行为的激励相容。

三、监督机制的改进

监督是确保地方政府间合作有效推进的重要保障。监督机制主要是对合作协议执行过程与结果的评估与监管,确认协议执行者所应承担的责任。我国一直以来实行的是行政区行政,地方政府在辖区内有最高决策权,其所受到的监督与制约十分有限,监督活动主要由上级政府进行,但是由于信息不完全,上级政府的监督效果大打折扣。监督机制一方面能够督促地方政府对于合作协议的履行,另一方面可以纠正地方政府在协议执行中的不合作行为,促使合作走向正轨。围绕这两个方面,应该重新设计合作协议执行的监督机制。

首先,要形成多元化的监督主体,打造全方位、多层次的监督网络。无论是合作协议本身还是协议的执行,都牵涉了多方面的利益关系,为了实现有效监督,监督机制应该构建多元化监督主体。具体来说,可以分为如下几个层次:一是包括人大、政协在内的党群机关监督,形成对执行机构权力的制约;二是来自上级政府或本级政府人员的监督,这是一种行政系统内的监督;三是来自企业或社会组织的监督;四是社会公众的个人监督。而就行政系统内部监督层次看,监督主体包括中央政府职能部门、区域合作机构、省市职能部门、地方政府以及政府部门内部监督等。要在对多元化监督主体进行整合的基础上,构建起严密的监督网络,打造出一个自上而下与自下而上相结合的、内部监督与外部监督相配合的全方位与多层次的监督网,以对地方政府合作协议执行情况进行有效的监督。

其次,监督的进行离不开对执行信息的掌握,因此要完善执行信息公开制度。一方面,作为跨域环境治理对象的公众拥有区域合作协议执行情况的知情权,公众需要及时了解所在地区地方官员执行合作协议的计划、进展等情况,公众既可以通过政府网站的渠道获取相关信息,也可以以通过听证会或媒体的形式获取有关信息。另一方面,信息不对称是地方政府间合作进程中的一大阻力,在协议执行中,地方政府通过有效的信息交流,可以了解彼此的政策意图,对政策本身的理解加深,同时,相互之间也获得了彼此的支持与理解,这对于调和地方政府间执行中冲突,确保执行方案落到实处有重要意义。为此,地方政府间可以通过建立合作执行信息交换中心了解其他合作伙伴的执行进展,或者可以通过建立区域合作信息共享制度来实行信息公开,以方便公众或非政府组织人员的信息获取。

最后,要有配套的执行问责机制,以加强监督的效力。"责任政府"[1] 理念要求建立官员问责制,即地方官员在环境合作协议执行过程中要及时公开执行进展与状况,对于因执行不力造成的损失要承担相应的法律与政治责任。为此,对于各地方政府在跨域环境治理中的合作,应通过官员问责机制对消极执行与执行不力的官员进行问责追究,以保障合作协议的执行效果。将监督结果与执行评估结果结合起来对地方官员进行问责,以落实相关责任。我国现行的"河长制"是一种对地方官员的问责机制,通过明确各责任主体间权责,将相关责任落实到党政主要领导身上,由各级党委、政府首要负责人负责对应河段的污染治理,如此便建立起了一个严明的责任体系,通过监督与评估结果对没有达标或出现重大污染事故的责任人进行追责与惩罚。

本章小结

地方政府合作的过程也是地方间利益博弈的过程,合作的每一个阶段都充满了利益矛盾与冲突,这是合作困境产生的深层诱因,而实现跨域环境治理中地方政府合作的关键在于进行横向地方间利益的协调。笔者从横向利益协调平台的构建、横向利益协调原则的制定以及横向利益协调路径的优化三个方面对如何实现跨域环境治理中地方政府合作行动进行了阐述。

首先,合作组织构建方面。合作组织是地方政府间进行横向利益协调的

---

[1] 韩兆柱. 责任政府与政府问责制[J]. 中国行政管理, 2007 (2): 18-21.

平台，按照制度化程度，合作组织可以划分为正式合作组织与非正式合作组织两类；有关合作组织的选择及确立，其标准在于实现净收益最大化，即合作风险与交易成本最小化，合作收益最大化。具体来说，合作问题越复杂，合作风险越高，对合作组织的制度化程度要求越高，相应的交易成本也越高。

其次，合作规则制定方面。地方政府间的异质性决定了其差异化的成本分担能力，从博弈论角度看，成本分担能力的差异化造就了强势行动者，其在合作成本分担中能够起到带头作用，这对于合作规则的制定有着重要意义。具体来说，合作规则的制定总体上遵循"共同但有区别的责任"，强势行动者在横向生态补偿中往往承担主要责任，对弱势行动者进行多种形式的横向补偿，此外，中央政府的"选择性激励"能够推动区域生态补偿政策的有效实施，进而提高弱势行动者跨域环境合作行动的积极性。

最后，合作机制优化方面。合作机制的优化是地方间横向利益协调的关键。具体来说，包括协商机制的完善、执行机制的健全以及监督机制的改进三部分内容。协商机制方面，主要从建立协商谈判机构、确立多元化的协商主体与设计执行性较强的协商协议三方面进行分析；执行机制的健全离不开有效的执行组织体系以及丰富的组织资源保障；监督机制方面，首先需要确立多元化的监督主体，其次监督工作的开展离不开对执行信息的掌握，因此，完善的执行信息公开制度必不可少，最后应通过官员问责机制对于消极执行与执行不力的官员进行问责追究，以保障合作协议的执行效果。

第五章
个案分析：京津冀大气污染合作治理

面临日益严重的跨域环境污染形势，京津冀、长三角、珠三角等较为发达的城市群已经开始了合作治理的实践。在个案选取方面，本书以京津冀大气污染合作治理为例进行分析，主要基于以下考量：其一，在我国较为发达与典型的城市群中，京津冀区域是"我国大气污染连片排放与跨域叠加传输最严重的地区"[1]。根据已公布的全国城市环境空气质量进行排名，京津冀地区大部分城市的空气质量都较差，很多城市的空气质量优良天数比例不足50%，具有较强的典型性；其二，京津冀区域是我国较早开展大气污染合作治理的地区，目前已经形成了包括"七省区、九部委"[2]在内的京津冀及周边地区大气污染防治协作机制，合作经验较为丰富，能够更为全面地展现跨域大气污染合作治理方式的运行状况与效果。因此，对京津冀大气污染治理中地方政府合作的个案探讨，更能呈现跨域环境治理中地方政府合作的"中国样态"。

第一节 京津冀大气污染治理的合作主体、合作需求与合作现状

一、京津冀大气污染治理中的合作主体及其利益关系

（一）京津冀大气污染治理中的地方政府

京津冀大气污染问题源自该区域产生的污染总量超出这一区域自身的环

---

[1] 魏娜，孟庆国. 大气污染跨域协同治理的机制考察与制度逻辑——基于京津冀的协同实践[J]. 中国软科学，2018，334（10）：81-82.
[2] 国务院办公厅. 国务院办公厅关于成立京津冀及周边地区大气污染防治领导小组的通知[Z]. 2018-07-11.

境容量与自净能力。2017年环保部发布的《京津冀及周边地区2017年大气污染防治工作方案》确定了"2+26"城市为京津冀大气污染传输通道，除北京、天津、河北外，还包括河南、山西、内蒙古、山东等多个省份的城市。❶由此可见，京津冀大气污染问题是一个波及范围较广、污染物来源复杂的跨域环境问题，合作治理是其内在要求。从合作主体的构成来看，京津冀大气污染合作治理主要围绕北京市、天津市和河北省三个省级行政区进行，因此笔者主要对京津冀三地省级地方政府的横向合作进行研究。

（二）地方政府在大气污染治理中的利益关系

作为京津冀大气污染治理的合作主体，三地地方政府处于复杂的利益关系之中。一方面，地方政府作为地方利益的主体，其所代表的地方利益包括地方公共利益与地方政府组织利益两个方面；另一方面，地方政府还受到央地利益关系的约束，中央政府在京津冀大气污染治理中发挥着重要的嵌入作用。

首先，作为地方公共利益的代表，地方政府在大气污染治理中的一个重要考量就是公众的环境需求。大气污染治理与居民的生活环境和身体健康息息相关，近年来，京津冀大气污染程度之重、影响范围之广、持续时间之长，给人们正常生产生活及身体健康带来恶劣的影响。在京津冀区域，二氧化硫、氮氧化物等主要大气污染物排放总量已经超过环境容量的一倍。高排放长期累积，区域环境已经高负荷运转，扩散条件稍有不利，雾霾马上到来，而大气污染最先影响到的就是本地的生态环境以及居民身体健康。京津冀地区每个月都有大量的居民反映环保问题，仅从河北省生态环境厅的公开信息来看，2018年，全年共受理有效环境信访事项30862件，群众反映的主要污染事件就是大气污染，大气污染和水污染环境信访事项合计数常常在当月信访事项数量的80%以上。因此，京津冀地方政府之间进行大气污染合作治理，改善本地大气环境质量，既有利于区域内居民的身体健康，又有利于提高本地的宜居程度，从而能够增进本地区的公共利益。

其次，地方政府作为自身组织利益的代表，地方财政收支是地方政府组织利益的重要内容，而大气污染治理对地方财政有直接影响。无论是从"收"还是从"支"两方面来看，大气污染都会对地方财政带来负面影响，原因很

---

❶ 京津冀大气污染传输通道包括北京市，天津市，河北省石家庄、唐山、廊坊、保定、沧州、衡水、邢台、邯郸市，山西省太原、阳泉、长治、晋城市，山东省济南、淄博、济宁、德州、聊城、滨州、菏泽市，河南省郑州、开封、安阳、鹤壁、新乡、焦作、濮阳市（简称"2+26"城市）。参见搜狐网.《京津冀及周边地区2017年大气污染防治工作方案》全文公开发布［EB/OL］.（2017-03-29）[2017-03-29]. https://www.sohu.com/a/130963994_470091.

简单。大气污染治理短期内对经济增长有负面影响,从而影响税基,造成财政收入减少,而治理大气污染所需经费则增加了地方政府的财政支出压力。例如,作为京津冀地区重要的工业城市,河北唐山市以冶金、煤矿、建材、化工等高能耗、高排污的重工业为主的产业结构,以及以煤炭为主的能源结构,这使得唐山的大气污染比较严重,仅冶金行业对唐山市 PM2.5 全年的平均贡献率就达 20%,但这些产业都是唐山市的支柱产业,大气污染治理势必造成唐山市财政收入出现减少的压力。又例如,河北省虽然是经济大省,但政府财政捉襟见肘,2017 年全省一般公共预算收入 3233.8 亿元;加上中央补助等其他收入,总计 8216 亿元;而全省一般公共预算支出 6639.2 亿元,加上其他支出,总计 7938.8 亿元,全年财政结余仅 277.2 亿元,财政实力的限制势必影响河北省在雾霾治理方面的政策倾向。

最后,地方政府还处在央地利益关系之下。京津冀大气污染治理的特殊之处在于北京作为首都,其政治地位极其重要,京津冀大气污染治理不仅是三地地方政府的地方利益所在,更是中央政府基于宏观战略考量,以京津冀区域为试点继而将治理经验推向全国的一个重要举措,京津冀空气质量能否改善甚至事关我国的国际形象与战略地位。从政策文本考量,京津冀大气污染联防联控的实施从一开始就是中央政府纵向嵌入的结果,从治理时间来看,京津冀大气污染治理深刻地打上了中央推动下的"压力型"合作与"任务式"❶治理的烙印,从根本上来说,京津冀大气污染合作治理短期内无法摆脱中央政府的纵向干预而实现自主性合作,这是由中央政府的宏观战略考量与京津冀大气污染的严峻性共同决定的,本章对于京津冀大气污染合作治理的分析尽管着眼于地方政府间合作,并且围绕地方政府间合作的利益冲突与协调展开,但是深入剖析开来,中央政府的影子无处不在、无时不在。

二、京津冀大气污染治理中地方政府合作需求的产生

(一) 地方政府合作治理京津冀大气污染的必要性

2017 年上半年发布的《2016 中国环境状况公报》显示,包括京津冀、长三角及珠三角等重点区域的 74 个城市在内,空气质量排名最差的 10 个城市中京津冀占了六席,依次是衡水、石家庄、保定、邢台、邯郸、唐山,从首要污染物及污染季节来看,PM2.5 是主因,且秋冬季是污染高发季节。造成

---

❶ 魏娜,孟庆国. 大气污染跨域协同治理的机制考察与制度逻辑——基于京津冀的协同实践 [J]. 中国软科学, 2018, 334 (10): 83-84.

京津冀区域大气污染严重的主要原因在于京津冀区域聚集了钢铁、石化等众多高污染企业，并且无组织的"散乱污"企业遍布各地，这些企业向大气排放的污染物数量巨大，京津冀区域的地形与气候条件又十分不利于污染物扩散。除本地污染物之外，区域传输占京津冀大气污染物来源的1/3左右。根据北京、天津与河北省石家庄市环保局2016年发布的PM2.5来源解析，京、津、冀三地PM2.5来源中，大约有2/3为本地排放，1/3来自区域传输，具体来说，北京市区域传输贡献占有率为28%~36%，天津市为22%~34%，河北省石家庄区域传输贡献占有率为23%~30%。区域传输来源中贡献最大的是河南与山东，其次是内蒙古、山西与陕西。❶

空气的流动性与地理的临近性决定了大气污染渗透与扩散的必然性。区域内任何一个地方政府都无法做到独善其身，因此，传统的各自为政的单一大气污染治理模式既不科学也不经济，地方政府间合作治理才是京津冀大气污染的治理之道。当前，尽管京津冀大气污染合作治理已经积累了一定的实践经验，但是总体上仍然以属地管理为主。这种属地管理模式以行政区划为基础，国务院对全国范围内的空气环境质量负责，地方各级政府对各自辖区内空气质量负责。这种属地管理模式既不符合区域大气流动的自然规律，也无法避免京津冀三地之间大气污染的交叉污染与重复治理的现象，更无法调动起京津冀三地地方政府治理大气污染的积极性和主动性。京津冀大气污染治理的长期性与艰巨性决定了只有建立起地方政府自主合作的长效治理机制，才能从根本上解决这一问题。

（二）地方政府对共同利益的认知

地方政府间在环境治理资源上的相互依赖决定了跨域环境治理必须进行地方政府间合作，然而，尽管存在这种资源上的相互依赖，但只有当地方政府认识到共同利益的存在，合作意愿才有可能产生。

京津冀地方政府对于大气污染治理中共同利益的认识经历了一个过程。从政策文本来看，以2013年为分界点，2013年以前京津冀颁布的大气污染治理政策较为零星与分散，且治理手段以总量控制为主，即将某一行政区域作为一个完整系统，采取措施将排入这一区域的污染物总量控制在一定范围内，以达到区域环境管理要求。即使有合作治理，也是围绕重大事件展开的，如围绕2008年北京奥运会而开展运动式联合治理，这种"任务驱动型"的合作

---

❶ 专家解答京津冀大气污染来源成因与应对效果等问题 [EB/OL]. (2016-12-22)[2019-11-5] http://www.china-nengyuan.com/news/102613.html, 2016-12-22.

治理成效在当时很明显,但是由于治理机制无法持久,奥运会后又出现了反弹;2013年9月,国务院印发了《大气污染防治行动计划》,明确提出建立京津冀区域大气污染防治协作机制。以此为契机,中央层面发布了一系列有关京津冀大气污染联防联治的政策指导与细则规定。从地方层面来看,京津冀三地出台的大气污染联防联治政策大幅增加。从京津冀大气污染治理的政策实践可以判断,京津冀对于共同利益的认知直到2013年中央层面出台了"大气十条"才真正有所改变,由此可见,对于共同利益的认知是需要经过长时间的分析、比较与判断才有可能形成。

(三) 京津冀地方政府的成本/收益预期

即使有了对共同利益的认知,作为理性行为者,京津冀三地地方政府仍会对合作的预期收益与预期成本进行比较,如果预期到的合作收益在长期内较为稳定,并且合作收益大于合作成本,这种情况下合作需求才会产生。

在京津冀大气污染治理中,三地政府的合作收益包括生态收益、经济收益与政治收益。首先,生态收益。京津冀大气污染治理带来的最直接的效益便是生态效益,辖区内生态环境的改善对于辖区居民生活质量的提高,增强居民居住的满意度,满足居民对于良好居住环境的诉求有着重要意义。此外,辖区内生态质量的提高从长远来看,对于本辖区乃至区域的经济、社会可持续发展都起到了推动作用。其次,经济收益。经济发展与环境保护的矛盾贯穿于我国发展的始终,在长期实行的地方政府GDP考核模式下,地方政府牺牲长远的环境利益以实现经济利益的行为模式已经形成,京津冀大气污染治理的实现对于改变这种急功近利的经济发展模式,以环境效果的实现倒逼产业结构的调整与优化,进而实现长远的经济效益有着重要意义。从京津冀大气污染治理的实现出发形成良好的示范,避免走发达国家先污染后治理的老路,实现经济利益与环境利益的共容发展。最后,政治收益。地方政府是京津冀大气污染治理政策的执行者,京津冀大气污染治理的实现意味着地方政府完成了中央政府制定的京津冀大气污染治理政策目标,这种自上而下的目标分派与考核是中央对地方进行控制与考核的主要手段,考核结果直接决定了中央对地方的资源分配与地方官员的升迁,在当前中央对生态文明日益重视的阶段,京津冀大气污染治理目标的实现是地方政府获取中央政治收益的一个重要手段。

从合作成本来看,京津冀大气污染治理中三地需要付出的合作成本包括协调成本、信息成本、监督成本。首先,协调成本。京津冀大气污染治理客观上要求地方政府间合作治理，但是京津冀三地地方政府作为理性经济人，合作中有可能出现利益冲突，因此，对于地方政府间关系的协调就尤为重要。但是，协调的完成并非在真空中发生，大量的协调成本由此产生。其次，信息成本。京津冀大气污染治理的复杂性客观上要求三地地方政府掌握充分且有效的信息。但是京津冀地方政府条块分割体制造成了三地信息不对称的情况，为了消除这种情况，地方政府在信息的获取、加工、处理及共享方面需进行大量投入，由此形成了京津冀大气污染合作中的信息成本。最后，监督成本。针对京津冀大气污染治理政策执行中可能出现的执行阻滞，建立起京津冀大气污染环境政策执行的监督与约束机制十分必要。所谓"监督成本"，指的是为监督与约束地方政府间环境合约的履行而进行的投入总和。监督成本的高低取决于多个因素，包括地方政府本身的约束能力与合约本身的完善程度、监督方信息占有是否全面及监督约束机制本身的效力等。一般来说，地方政府对自我的约束能力越强，监控方信息获取越充分，越能有效避免一些策略性环境投机行为，由此京津冀大气污染合作的监控成本就越低，更容易保证合作的可持续。

三、京津冀大气污染联防联控政策及其成效

为了改善大气质量，从中央到京津冀三地都采取了一系列措施，以实现京津冀大气污染的有效治理；客观地看，这种合作治理取得了一定的成效。

（一）京津冀大气污染联防联控政策

1. 国家层面的政策

最先对京津冀大气污染治理采取行动的不是地方政府，而是中央政府及其职能部门，尽管这种治理是自上而下的政治动员式的，但也最早明确了京津冀大气污染联防联控的方向。概括地看，国家层面对京津冀大气污染防治的措施可以将2013年视为分界点，划分为两个阶段。

第一个阶段是2008年奥运会前到2013年。为了确保奥运会期间空气质量，我国首次打破行政界限，建立起京津冀及周边地区大气污染的联防联控机制，且成效显著。但这种政治动员式的治理模式并未得以持续。2010年5月11日，环保部、发改委等九部门联合发布了《关于推进大气污染联防联控工作改善区域空气质量的指导意见》（以下简称《意见》），《意见》指出必须尽早采取区域联防联控措施以解决区域大气污染问题。《意见》为中央层面首个出台的有关大气污染联防联控的政策文本，具有标志性意义。2012年12月

5 日,环保部又印发了《重点区域大气污染防治"十二五"规划》(以下简称《规划》),《规划》在《意见》基础上进一步明确提出建立"联席会议制度""信息共享机制""预警应急机制"等,为各省区市开展大气污染联防联控指明了方向。

第二个阶段是 2013 年之后。"十二五"以来我国大气污染形势严峻,以 PM2.5 为主要污染物的区域性大气环境问题日益突出。2013 年 9 月,国务院出台了"大气十条",明确指出构建京津冀大气污染防治协作机制,有计划地进行京津冀地区的大气污染治理,着力进行燃油品质的提升、黄标车及老旧车辆的淘汰、机动车管理、能源结构的改善等方面的工作,并从多方面进行统筹协调。2013 年以来,京津冀地区重度雾霾频发,秋冬季节尤为明显,为加大大气污染防治力度,2013 年 9 月 17 日,环保部、发改委等六大部委联合印发了《京津冀及周边地区落实大气污染防治行动计划实施细则》,提出要建立"京津冀及周边地区大气污染防治协作机制",由此拉开了京津冀大气污染联防联控序幕,自此之后,中央政府各职能部门相继出台了大气污染联防联控方面的举措。2014 年 4 月,新修订的《中华人民共和国环境保护法》首次将区域联防联控纳入法律条文,随后中央政府正式将空气质量改善目标完成情况纳入考核标准,并提出要实现京津冀及周边地区的联动以应对区域性大气污染问题。因此,京津冀大气污染联防联控机制最早是由中央主导建立,其工作内容是以定期召开联系会议的方式对大气污染防治工作进行统一规划、监测与防治。

2. 地方层面的政策

2013 年以来,京津冀地区持续的重度雾霾天气引起三地政府的高度重视,其治霾决心体现在多份政府文件中。北京于 2013 年 9 月率先发布《2013—2017 年清洁空气行动计划》,该计划提出了北京市空气质量改善的目标,其中污染减排是空气质量改善的根本措施,次年 1 月通过了《北京市大气污染防治条例》,明确提出应加强与相邻省市的联防联控,实现重大污染事项的通报与大气污染相关信息的共享,推动联防联控工作的开展。❶ 此后,北京市政府出台的环境保护文件都提出要积极开展大气污染联防联控工作,例如,2016 年 12 月,出台了《北京市"十三五"时期环境保护和生态建设规划》,提出要坚持"区域协同"的原则,积极开展联防联控,统一区域机动车排放标准及用油标准,推动建设区域绿色货运体系,建立京津冀环境信息共享平

---

❶ 北京市大气污染防治条例[EB/OL].(2014-1-22)[2019-11-5] http://210.75.193.155/rdzw/information/exchange/Laws.do?method=showInfoForWeb&id=2014307.

台,并制订区域大气污染防治的中长期计划;❶ 又例如,2017年9月出台的《北京市"十三五"时期移动源污染防治工作方案》提出要建立区域机动车污染排放的联防联控机制,共同研究制定区域机动车污染物排放控制措施,搭建区域机动车污染排放的防治监管系统,建立区域法规执行标准,开展联合执法,以此实现区域机动车污染物排放的联防联控。❷

天津市政府相关部门也提高了对生态环境的重视,积极推动生态保护工程,依法治理环境违法行为。2013年9月28日,天津市发布《天津市清新空气行动方案》,该方案指出,到2017年,全市空气质量明显好转,重污染天气大幅减少,优良天数增多,PM2.5年均浓度比2012年下降25%。2013年10月,天津市颁布《天津市重污染天气应急预案》,此后不断完善和修订;到2015年,天津市制定《天津市在用机动车简易工况法排气污染物排放标准》《天津市总挥发性有机物排放控制标准》,并修订了《天津市锅炉大气污染物排放标准》等大气污染物相关排放控制标准。

河北省曾多次在《政府工作报告》中指出要"强力治理大气污染"。河北省于2013年9月颁布了《河北省大气污染防治行动计划实施方案》,提出未来五到十年的空气质量改善目标及保障目标实现的八大任务。2016年1月通过的《河北省大气污染防治条例》,将"重点区域联合防治"作为重点工作,并就省政府及环保部门如何开展与北京市、天津市及其他相邻行政区的大气污染联合防控工作进行了规定,包括产业的转移与承接、污染防治项目专项资金的使用、大气污染预警联动应急响应机制的建立、防治科研合作的开展、防治规划的制定等多个方面。❸

(二)京津冀大气污染联防联控工作的成效

伴随着大气污染联防联控工作的展开,各地方政府都确立了相应的政策目标,特别是重污染天气的改善目标,例如在"十三五"规划中,京津冀三地设定的2020年PM2.5年均浓度目标分别为56微克/立方米、53微克/立方米及64微克/立方米。

---

❶ 北京市人民政府门户网站. 北京市"十三五"时期环境保护和生态建设规划 [EB/OL]. (2017-1-25) [2019-12-5] http://zhengwu.beijing.gov.cn/gh/dt/t1467611.html.

❷ 北京市人民政府网站. 北京市环境保护局关于印发《北京市"十三五"时期移动源污染防治工作方案》的通知 [EB/OL]. (2017-10-17) [2019-11-5] http://www.gov.cn/xinwen/2017-10/17/content_ 5232396.html.

❸ 河北省大气污染防治条例 [EB/OL]. (2016-1-25) [2019-11-5] http://he.people.com.cn/n2/2016/0125/c192235-27617756-4.html.

从 2013—2018 年的数据来看，大气污染联防联控工作取得了一定的成效。2018 年京津冀三地空气质量改善明显，基本完成了"十三五"设定的空气质量目标，北京 PM2.5 年均浓度为 51 微克/立方米，天津 PM2.5 年均浓度 52 微克/立方米，河北全年 PM2.5 平均浓度为 56 微克/立方米，同比下降 12.5%左右，其中北京和天津都退出了空气质量最差的 20 个城市名单；从重污染天数来看，2018 年北京市重污染发生的天数和持续时间大幅减少，从 2013 年的 58 天减少为 2018 年的 15 天，降低了 3/4，并且重污染天数持续时间不超过三天。此外，北京 PM2.5 日均最高浓度为 244 微克/立方米，与 2017 年相比下降了 46.3%，下降趋势明显。从空气质量达标天数看，2018 年全年北京空气质量达标天数达到了 227 天，占全年天数的 62.2%，与 2013 年相比增加了 51 天，天津为 207 天，河北省空气质量达标天数为 208 天。总体上看，2018 年 1 月至 12 月，京津冀及周边地区"2+26"大气污染传输通道城市平均优良天数比例达到了 50.5%，较上年上升了 1.2 个百分点，PM2.5 浓度同比下降 11.8%，为 60 微克/立方米。但是不容乐观的是，在参与考核的 169 个城市中，河北省石家庄市、邢台市排名最靠后，河北省及京津冀周边地区河南省、山西省、陕西省为空气质量最差的 20 个城市的聚集地。

但是不容忽视的是，近两年京津冀空气质量的改善与良好的气象条件有关，由于京津冀大气污染物来源中有 1/3 来自区域传输，未来京津冀空气质量改善难度将加大；此外，空气质量的持续改善离不开产业结构的加快调整，而河北省、天津市钢铁产能下降的难度将会越来越大，未来几年京津冀 PM2.5 浓度的下降速度会逐步放缓。❶ 因此，京津冀大气污染联防联控工作将面临越来越大的挑战。

第二节 京津冀大气污染合作治理的困境及其利益成因

一、京津冀大气污染联防联控的困境

尽管京津冀地方政府在大气污染的合作治理中取得了一定成效，但是总体而言呈现一种"任务驱动型"❷的特点，是中央压力下的被动型、松散型、

---

❶ 京津冀三地完成"十三五"空气质量目标［EB/OL］.（2019-1-8）［2019-11-5］https:// energy.cngold.org/c/2019-01-08/c6168100.html.

❷ 魏娜，孟庆国.大气污染跨域协同治理的机制考察与制度逻辑——基于京津冀的协同实践［J］.中国软科学，2018，334（10）：86-87.

间断型的合作治理，京津冀地方政府间的自主型、紧密型、持久型的合作治理仍然面临着诸多困境，这种困境主要体现在三个方面：其一是合作达成难，具体表现为合作价值整合的碎片化；其二是协议执行难，主要表征为消极执行普遍存在；其三是监督程序碎片化造成的监督难。

（一）达成合作难：价值理念的碎片化

合作行动达成的首要条件在于合作主体就合作价值理念达成一致，但京津冀大气污染治理中三地合作价值理念呈碎片化状态。首先，各级地方政府缺乏生态理念的价值认同。对生态价值观的理念认同是大气污染府际合作治理的根本动力，缺乏生态理念认知的府际合作是盲目的和不可持续的。虽然大气污染治理的重要性已经被越来越多的地方官员认识到，但治污决心还不够大，基层政府尤为如此。价值理念之间的激烈冲突使得理念认知转换举步维艰，地方政府间在大气污染治理合作中的共识难以达成。

其次，各地方政府的利益诉求不一致。差异化的经济发展状况及发展方式使得京津冀地方政府在大气污染利益协调方面的难度加大，2014年的统计数据表明，北京市人均GDP达到99121元，天津市为103671元，而河北省仅为39844元，京津冀三地第三产业占GDP的比重分别为49.6%、37.3%、77.9%，其中相对欠发达地区的河北省作为钢铁大省，其淘汰落后产能的压力很大，大气污染治理各参与方环境目标的巨大差异导致合作的动力方向呈分散化和受力不均匀的特点，从而对大气污染治理绩效的稳定性和持续性产生不利影响。

最后，京津冀大气污染治理中三地地方政府的污染治理心态是被动应对式的，更多的是迫于中央政府的压力而不得不治，在中央政府的环境"一票否决"机制下，地方政府开展了运动式治理，如2008年北京奥运会期间，为了保障奥运期间北京的空气质量，京津冀等6个省市制定了一系列空气质量保障措施，北京的空气质量得到了极大改善，但这种中央干预下的被动应对式与运动式治理并没有得以持续下去，缺乏合作治理理念的地方政府依然没有形成合作治理的合力。

（二）政策执行难：消极执行普遍

京津冀三地在合作政策执行中普遍存在问题，概括来说，政策执行存在偏差、工作责任落实不到位是主要问题。但是三地的具体表征又有所不同，北京市在环保政策执行中存在大气污染治理工作落实与考核问责不到位的情况；天津市在环境协议执行中也存在环保责任落实不到位、政策执行偏差等问题；河北省政府对于环境合作的相关政策规定执行不力，表面执行、象征性执行，甚至纵容包庇污染企业违法。

北京市仍然存在大气污染治理工作落实与考核问责不到位的情况。压力型体制下，北京市环境保护工作压力自上而下逐级传导、层层递减，导致考核流于形式，对考核情况的问责工作难以展开。北京市部分基层领导干部存在认知误区，习惯性地把环境问题归结于客观条件导致，认为大气污染以区域外来传输为主，对于大气污染产生的主观原因与自身责任认识不足。❶ 以北京市清洁空气行动计划为例，该计划对于大气污染治理的任务目标及考核标准作出了明确规定，但是相关部门在执行中依然存在考核不严与问责不力的状况。2014年，北京市怀柔区等七个区在清洁空气行动计划考核中没有按时完成任务，考核结果被评定为不合格，但是结果并没有对社会公开，相关单位及个人也没有被追责。

针对天津市方面，首先，环保工作落实不到位。开会传达较多，研究部署很少，口号多而落实少，一些地方官员在执行工作中缺乏担当意识与责任意识，谈到大气污染就归结为气候条件，对于大气污染防治工作的落实时紧时松，导致大气环境质量改善情况不够理想，并且处理发展与保护关系不力，不顾天津市重化工产业比重较高且结构性污染较为突出的状况，盲目启动火电项目。一些地区在协议执行工作中存在偏差，如滨海新区与武清区分别于2015年、2016年研究出台了《空气质量自动监测站及周边大气环境的保障方案》，但是在执行中却走捷径，在监测站周边区域通过控制交通流量与增加水洗与保洁次数等措施来人为操纵数据。

河北省政府对于环境合作的相关政策规定执行不力，表面执行、象征性执行，甚至纵容包庇污染企业违法。首先，大气污染治理的责任落实不力。地方政府对于政策执行采取不研究、不部署、不执行的消极态度，导致合作协议形同虚设；其次，大气污染治理政策的被动式、消极式执行。地方政府对于作为治理重点的"散乱污"企业放宽标准、整治不严。对于应予以严格取缔的"散乱污"企业放松警惕，没有及时督察拆除，这种被动式应付上级检查，甚至与企业合谋的消极化执行行为给大气污染合作治理造成了严重阻碍。最后，表面化执行。主要表现在按照环保标准应安装治污设施的企业要么不予安装，要么即使正常安装也不运行，这种行为与政府监督不力直接相

---

❶ 中国新闻网. 环保督察反馈：北京群众身边大气污染问题亟待解决 [EB/OL]. (2017-4-12) [2019-11-5] http://www.chinanews.com/gn/2017/04-12/8197677.shtml.

关，地方政府对于合作治理政策的表面化执行直接导致当地企业放松污染治理。

（三）执行监督难：监督程序的碎片化

执行监督难主要体现在三个方面：一是监督的开展离不开信息的支撑，当前京津冀地方政府及相关职能部门间有关大气污染的信息呈碎片化状态；二是具有环境保护监管职能的政府部门间存在职责碎片化状况；三是法规标准的不统一导致执行监督的法律依据不明确。

首先，地方政府执行合作协议的一个重要前提是实现政府间及部门间环境空气质量信息资源的共享。我国的雾霾监测职能分散在气象、国土资源、环境保护、交通运输、民航等部门及单位，各部门和单位按照自身需要建立了相应的气象监测设施网络，而各部门的不同职能决定了其关注焦点的不同，监测点位置分布及数量的差异造成各部门监测数据的不一致，这种技术障碍的存在导致环境信息资源的碎片化。❶ 另外，受经济理性驱动的地方政府出于地方官员的政绩及地方利益的考量，与其他地方政府存在利益博弈，地方政府有可能会封锁或屏蔽政策信息以获得博弈优势。

其次，京津冀区域大气污染治理环保监管职责碎片化问题突出。京津冀区域大气污染成因十分复杂，其主要污染排放物有机动车尾气、燃煤、工业污染及城市扬尘等，在具体的治理过程中，各部门职能的交叉造成部门协调困难，由此产生"碎片化"现象。机动车尾气污染监管方面，机动车污染治理涉及的部门主要有工信、公安、发改、质检、交通运输部门等六个单位，六个部门职能交叉、重叠严重，一些部门并非专业的机动车污染治理部门，作为附带职能，其专业化程度和相关投入不足，给机动车污染治理监管造成困境。工业污染方面，部门协调不力问题突出，发改委、工信部、商务部的职能在于制定进出口政策和产业准入标准，对于落后产能进行淘汰，环保部起配合作用，其参与度较低，导致一些产业政策没有严格落实排污减排标准。❷

最后，执行标准是环境法规执行的重要依据，京津冀大气污染治理的相关法规标准呈碎片化状态。《中华人民共和国环境保护法》《中华人民共和国

---

❶ 沈晓悦，原庆丹，蔡飞，等．雾霾治理环保监管体制的障碍与突破［J］．环境战略与政策研究专报，2015（41）．

❷ 沈晓悦，原庆丹，蔡飞，等．我国雾霾治理环保体制障碍与突破［J］．环境保护，2016，44（8）：52-56．

大气污染防治法》在跨区域污染问题上都作出了联合防治的规定,❶ 其中,《中华人民共和国大气污染防治法》在联防联控的具体程序上确定了以定期召开联席会议的形式开展合作,两部法律在跨区域污染问题的衔接上有所进步,但是实际上两部法律对于地方政府间合作的实质性问题,如地方政府环保部门间的协调与配合、地方环保部门与其他经济职能部门在确立环保标准时的冲突与协商、政府间协议法律效力的确立等都没能作出具体的规定。以空气质量标准为例,尽管京津冀区域执行的都是2012年出台的《环境空气质量标准》,但是标准执行以来的空气质量并没有得到明显改善,标准执行的协同性与协调性差,北京市执行的是最严厉的地方环境标准体系,而河北与天津在地方环境标准的发展上相对滞后且投入不足。

二、合作困境的深层成因:利益矛盾与冲突

京津冀大气污染合作困境的形成从根本上源于其背后复杂的利益矛盾与冲突,包括区域环境利益与地方经济利益的矛盾、京津冀地方政府间利益冲突与地方政府内部利益不一致。

(一)区域环境利益与地方经济利益的矛盾

区域环境问题的跨域性决定了环境问题超出了单个行政区的限制而成为区域整体性问题。因此,作为整体的区域生态治理诉求与单个地方政府间的利益必然产生矛盾与冲突,这种利益矛盾集中表现为作为区域环境利益与地方经济利益的冲突。

京津冀是我国经济社会发展水平较高、较具有经济活力的地区之一,被誉为"中国经济增长的第三极",该地区地理位置优越、资源物产丰富、基础设施发达、经济总量大、经济增长速度快。从2013年到2017年,京津冀地区的GDP由6.26万亿元增长到8.06万亿元,产业结构也日趋合理化,京津冀地区的第一产业和第二产业比重逐年下降,第三产业比重逐年上升,这符合产业结构演变的"克拉克定律"。根据最新统计数据,在2018年,京津冀地区以不足全国2.25%的国土面积,创造了8.5万亿元的GDP,占全国GDP总量的9.5%,单位国土面积的GDP产出远超全国平均水平。如表5.1所示。

---

❶ 2015年1月1日起实施的新修订的《环境保护法》第二十条规定,"国家建立跨域的重点区域、流域环境污染和生态破坏联合防治协调机制,实行统一规划、统一标准、统一监测、统一的防治措施"。2016年1月1日起实施的《大气污染防治法》对重点区域大气污染防治作出了规定,"国家建立重点区域大气污染联防联控机制,统筹协调重点区域内大气污染防治工作。重点区域内有关省、自治区、直辖市人民政府应当确定牵头的地方人民政府,定期召开联席会议,按照统一规划、统一标准、统一监测、统一的防治措施的要求,开展大气污染联合防治,落实大气污染防治目标责任"。

表 5.1 京津冀三次产业占比的变化（2013~2017）（单位:%）

年份	北京市			天津市			河北省		
	第一产业占比	第二产业占比	第三产业占比	第一产业占比	第二产业占比	第三产业占比	第一产业占比	第二产业占比	第三产业占比
2013	0.8	22.3	76.9	1.3	50.6	48.1	12.4	52.2	35.5
2014	0.7	21.3	77.9	1.3	49.2	49.6	11.7	51.0	37.3
2015	0.6	19.7	79.7	1.3	46.6	52.2	11.5	48.3	40.2
2016	0.5	19.3	80.2	1.2	42.3	56.4	10.9	47.6	41.5
2017	0.4	19.0	80.6	0.9	40.9	58.2	9.2	46.6	44.2

（数据来源：国泰君安 CSMAR 数据库）

但是也应该看到，支撑京津冀经济发展特别是其高强度增长的是不合理的产业结构，这种产业结构的不合理性不仅表现在以第二产业仍占较高比重，而且表现在自主创新能力差、内部经济差距大等方面。从表 5.1 可以看出，即使到了 2017 年，第二产业仍然在京津冀地区占有重要地位，即使经济较为发达的天津市，第二产业比重也高达 40%，河北省更是超过 45%，而在第二产业中，工业又占有绝大部分，从全国各地区的经济竞争力上看，京津冀地区具有比较优势的工业行业包括黑色金属矿采选业、煤炭采选业、黑色金属冶炼及压延加工业、煤气生产和供应业、食品制造业和电子及通信设备制造业。❶ 客观地看，京津冀地区有着一定的自主创新能力，但这种能力过分集中在北京市，而且尚未与天津市和河北省在技术创新上形成合力。此外，京津冀内部经济发展差距巨大，河北省内存在的"环京津贫困带"就是最具有代表性的例证。这些都足以表明，京津冀地区总体上存在着较大的产业结构升级压力，面临着较为迫切的经济发展需求。

从区域生态环境来看，京津冀地区的生态环境约束较大，中国社会科学院《中国城市竞争力报告（2009）》和《中国城市竞争力报告（2010）》数据显示，在全国 294 个城市中，京津冀都市圈的自然资源优势指数总体落后，其中北京市排第 48 名，天津市为第 39 名，河北省省会石家庄市也不过为第 14 名；特别是在淡水资源、土地资源等方面的短缺已经成为京津冀地区经济发展的巨大制约因素；从生态环境竞争力来看，京津冀地区也是总体落后的，北京市排第 28 名，天津市排第 42 名，石家庄市排到了第 34 名。这些都说明京津冀地区面临着巨大的生态环境压力，特别是以高污染、高排放为特征的

---

❶ 周立群等．京津冀都市圈的崛起与中国经济发展 [M]．北京：经济科学出版社，2012：112．

重化工业的发展，使本地区的大气环境日益恶化。

京津冀大气污染治理面临的主要问题是行政区行政与大气污染跨域性治理要求间的矛盾，行政区划从空间意义上构建了地方政府的活动范围与空间，客观的区划限制在跨域性公共问题治理中是可以被人为打破的，然而建立在行政区行政基础上的多重利益诉求是难以平衡的，原来的行政区行政下的地方政府间利益均衡点被破坏，新的利益平衡很难找到，而在这些复杂的利益诉求之中，又属行政区经济发展与区域环境保护间的利益矛盾最难以协调也最关键。因此，表面上看，京津冀大气污染合作治理是打破行政壁垒，实现三地合作的过程，实际上则是打破了经济藩篱，实现经济发展与环境保护的双赢的过程，这是深入推进京津冀大气污染合作治理面临的最大难点。

（二）地方间利益冲突

京津冀三地地方政府之间的利益冲突主要源于三地之间的异质性，这种异质性主要表现在经济发展基础、社会发展水平、政府能力与环境基础四个方面。[1] 经济发展基础决定了该区域进行环境改善的整体驱动力，库兹涅茨曲线说明环境质量情况与人均 GDP 呈 U 形关系，第二产业尤其是制造业给环境造成极大压力，以服务业为主的第三产业比重的提高对于改善环境质量具有重要意义；城市化最能体现社会发展水平，城市人口的聚集一方面增加了空气、水及土壤污染的可能性，另一方面人口密度的增加使得环境污染的社会后果更严重；政府能力主要体现地方政府治理环境所需要的人力与财力资源等，政府环境治理能力越强，其合作意愿越高，因而合作风险越低；环境基础主要指当前环境污染状况，环境污染状况越严重，治理所需投入越高，区域内各辖区环境基础不同，治理收益在辖区之间的分配也不均衡，合作风险将越大。

首先，从经济发展基础方面看，2017 年北京市人均 GDP 为 129041 元，天津市为 119134 元，河北省仅为 45234 元；从产业结构上看，2017 年北京市第二产业比重仅为 19%，第三产业比重为 80.6%，天津市第二产业比重为 40.9%，第三产业比重为 58.2%，河北省第二产业比重为 46.6%，第三产业比重为 44.2%，河北与天津第二产业仍占较大比重，尤其是河北省，第二产业仍是其主导产业。可见，京津冀经济发展能力的异质性较高，以第二产业为主的河北省给京津冀大气污染带来了较大压力，其承担的环境改善任务也

---

[1] 李佳芸. 区域异质性、合作机制与跨省城市群环境府际协议网络［D］. 成都：电子科技大学，2017（6）：50-51.

较重。

其次，从城市化水平来看，2017年北京与天津的城镇化率分别为86.5%以及82.9%，河北省的城镇化率为55%。❶ 很明显，北京、天津的人口密度更高，相同的环境污染，北京、天津面临的环境治理压力更大，居民对于大气污染治理的诉求更高，相应地，北京与天津大气污染治理的收益较河北省要高。

再次，从政府能力上看，无论是从人力还是从财力资源上看，河北省政府环境治理能力都不及北京、天津，相应地，其合作意愿也更低。

最后，从环境基础上看，《2014年环境统计年鉴》数据显示，2014年上半年河北省二氧化硫排放量为62.55万吨，天津市为10.4万吨，北京市为3.83万吨，氮氧化物排放量方面，河北省为79.69万吨，天津市为14.42万吨，北京市仅为7.89万吨。从2013年的数据来看，河北省烟粉尘排放量为13万吨，天津市与北京市分别为8.7万吨、5.9万吨。这与河北省以第二产业尤其是重工业为主的产业结构有关，由此可见，河北省环境治理所需投入远远超出北京与天津，治理所需的高投入直接降低了河北省的合作意愿，如果没有合理的生态补偿，京津冀大气污染合作治理的风险极高。

总体来看，京津冀三地高度异质性是地方间利益冲突的一个重要产生条件，而三地地方政府对于生态资源的直接争夺则是利益矛盾的直接表现，京津冀大气污染合作治理的难点在于三地政府对于合作收益与成本的分担，包括排污权与大气污染治理费用的分担，由于成本分担是零和博弈的环节，一方多承担则意味着另一方少承担。因此，三地政府在成本分担上有着直接的竞争关系，而官员晋升锦标赛之下的地方政府官员出于对中央控制下的政治稀缺资源的争夺，将自身污染治理的正外部性当作对对手有利而对自己不利的事情，而将环境污染的负外部性则当作对自己有利的事情，这更加剧了地方政府间利益矛盾与冲突。

（三）地方政府内部利益不一致

地方政府内部的利益主体有三个层次：代表个体利益的地方官员；代表部门利益的地方政府部门；代表组织利益的地方政府。不同利益主体在京津冀大气污染治理中的利益诉求不同，这些多重利益诉求之间存在矛盾与冲突的可能性。

---

❶ 赵昱. 京津冀区域城镇化率从2010年的55.7%上升到2017年的64.9% [EB/OL]. (2018-12-20) [2019-11-5] http://www.ciudsrc.com/mobile_ news.php? id=136785.

第一，就地方官员而言，其在京津冀大气污染治理中的利益诉求包括两部分：一是地方官员在上级政府的指标考核下，其行为体现为短视化以及显性化两个特点，河北省作为京津冀生态治理任务最艰巨的省份，其需要投入的成本巨大，这种情况下河北省政府官员基于任期制的限制，往往不愿意对耗资巨大而又见效慢的环境治理进行投资，对于某些短期内见效快的项目往往盲目上马，以在短期内取得政绩，获得提拔或晋升；二是在当前以 GDP 为主要考核指标的政绩体系之下，京津冀地方官员在经济发展与环境保护之间往往难以取舍，在缺乏中央政府约束下，三地地方官员往往会更注重本地区经济效益的提升而忽略环境保护，对于经济较为落后的河北省而言更是如此，尽管我国当前改进了考核指标体系，加入了生态效益这一指标，然而以 GDP 为主的考核体系并未从根本上改变，地方官员仍以经济指标为主。

第二，就部门利益而言，京津冀大气污染治理所涉及的部门众多，不同部门基于本部门利益的考量在京津冀大气污染治理问题上的态度会有所区别。例如，发展改革部门以经济利益为主要诉求，对于一些煤炭替代项目存在审查不严，整改落实不力，日常监管缺位等问题；自从我国试点推行省以下环保机构垂直管理以来，基层环保部门真正实现了对地方党委及政府部门的监督，二者进行生态环境保护的内生动力得到了极大的增强。地方保护行为明显减少，环境执法的效力增强。但是需要注意，在地方政府仍以 GDP 为主要考核指标的体系下，地方环保部门真正能够发挥的作用依然有限，党政一把手仍是地方政府首要负责人，发展改革部门、财政部门，以及监管部门仍旧直接或间接地服务于经济利益。

第三，就组织利益看，地方政府既是多重利益的综合体也是地方政府自身组织利益的代表，京津冀大气污染治理中，地方政府的直接组织利益在于维护组织的生存与发展，这可以通过促进辖区稳定与经济发展来实现。对于北京市来说，由于其经济发展水平较高，良好的空气环境质量是辖区居民生活改善的关键，为了提升北京市政府在公众面前的公信力，北京市政府必然会对京津冀大气污染治理进行投入；对于天津市来说，其经济发展水平较高，产业结构上第二产业依然有较大的比重，环境治理的改善难度较大，天津市政府为了完成中央政府下派的环境任务而不得不对大气污染进行治理，然而在天津市政府个体成本收益考量之下，其在环境政策执行中必然会出现消极执行行为，以降低执行成本，实现组织利益；河北省政府经济水平较为落后，但是钢铁、石化等第二产业的高比重造成其结构性污染矛盾突出，河北省较差的环境成本承担能力与艰巨的治理任务形成鲜明对比，反差之下，地方政府的角色作用就凸显出来，面临中央政府环境治理的压力，河北省政府如何在环境治理任务与节约成本之间实现均衡，这是对河北省政府的一个重大考验，地方政府在对不同利益诉求进行回应时，组织利益成为河北省政府的一个重要利益考量。

由此观之，地方利益本身包含多层次的利益体系，其内部错综复杂，编织成一幅千姿百态的地方治理图景，地方利益内部的不一致决定了京津冀大气污染治理必然是地方利益间交织、地方利益内部协调与妥协的结果。

第三节 利益协调与京津冀大气污染合作治理的优化

京津冀大气污染合作治理模式称为"压力型合作"模式，来自中央层面的纵向压力是合作的主要动力机制。[1] 在"压力型合作"模式下，京津冀三地难以形成自主性与常态化的合作关系，一旦来自中央层面的压力减弱或缺失，合作机制就难以持续运转，合作效果也难以保障。这种"压力型合作"模式的形成很大程度上源于京津冀三地在横向府际合作中并没有建立起正式规范的利益协调机制，因为当地区内部动力缺失或不足时只能靠中央政府的外部压力。因此，通过横向利益协调对京津冀既有的合作机制进行重塑与完善，建立起京津冀地方政府间自主性合作模式，对于破解中央压力下的非常态合作治理模式有着重要意义。

一、合作组织的优化：从"压力型合作"到"自主型合作"

合作组织是横向利益协调的平台，其整合度与协调度直接关系到跨域环境治理的效率。打破传统组织之间的边界对于改善跨域环境治理效率有着决定性作用。因此，在京津冀大气污染的合作治理实践中，建立起正式的、常态化的并且具有一定权威性与约束力的区域环境合作机构十分必要。

从实践层面审视，京津冀大气污染合作治理主要是通过"京津冀及周边地区大气污染防治协作小组"来实现的。该合作组织成立于2013年10月，并在2018年7月升级为"京津冀及周边地区大气污染防治领导小组"，该协作小组实质上是京津冀大气污染合作治理中最早的合作组织。从组织架构来看，协作小组下设有小组办公室，由环保部和北京市政府负责，并设有常设办事机构来统筹日常协同工作，"大气污染综合治理协调处"受小组办公室的

---

[1] 孟庆国，魏娜. 结构限制、利益约束与政府间横向协同——京津冀跨界大气污染府际横向协同的个案追踪 [J]. 河北学刊，2018（6）：168-169.

委托负责京津冀及周边地区大气污染防治协作小组日常运转工作,[1]并处理大气污染防治协作、联防联控的具体联络协调工作;从小组成员看,虽然协作小组成员包括"七省区八部委",但北京市、天津市、河北省是协作小组最核心的成员,因此协作小组重点负责的是京津冀三地在大气污染治理中的合作事宜。

从结构形态、权力配置、运作形式等方面看,该协作小组具有如下特点。[2]

第一,该小组不是正式建制,且内部结构存在较大的"位势差异"。该小组没有单独确定的人员编制,机构规格不确定,各小组成员全部为中央部委和各省、市、自治区的行政长官。更为重要的是,小组内部结构上存在较大的"位势差异",这将对京津冀大气污染治理产生重要影响,因为作为一种跨域合作形式,京津冀大气污染治理要求各合作主体在身份和地位上具有实质的对等性。[3]但"大气污染综合治理协调处"隶属于北京市环境保护局,这就决定了京、津、冀三地在合作治理中的话语权是不同的,河北省和天津市明显处于被动地位。

第二,该协作小组在具体工作上缺乏必要的权威性。根据赵新峰、袁宗威(2014)和孟庆国、魏娜(2018)的研究,该协作小组虽然负责中央政府关于京津冀及周边地区大气污染防治的方针、政策及重要部署,但在具体工作上是委托给"大气污染综合治理协调处"的,而该处在权限上仅是一个处级机构。京津冀大气污染合作治理涉及三个省级行政区,一个处级机构在协调省级机构之间的合作事宜时,未免显得缺乏权威性。

第三,和上述两个特点相关,该协作小组的运作形式主要是专题会议或小组会议,所确定的合作内容大多是以会议纪要形式,并下发给与会单位和地方政府的相关职能部门。孟庆国、魏娜(2018)的调研显示,专题会议或小组会议"一般是在'协作小组'核心领导有空时召开,且大多是为了保障重大活动中大气质量的一种应对型会议"。[4]这种运作形式很难保证京津冀三

---

[1] 赵新峰,袁宗威.京津冀区域政府间大气污染治理政策协调问题研究[J].中国行政管理,2014(11):20.

[2] 孟庆国,魏娜.结构限制、利益约束与政府间横向协同——京津冀跨界大气污染府际横向协同的个案追踪[J].河北学刊,2018(6):166-167.

[3] 赵新峰,袁宗威.京津冀区域政府间大气污染治理政策协调问题研究[J].中国行政管理,2014(11):18-25.

[4] 孟庆国,魏娜.结构限制、利益约束与政府间横向协同——京津冀跨界大气污染府际横向协同的个案追踪[J].河北学刊,2018(6):168.

地在大气污染合作治理中受到强有力的组织约束。

尽管"京津冀及周边地区大气污染防治协作小组"对推动京津冀三地政府在大气污染合作治理中起到了不可或缺的作用，也确实做出了一定贡献，但机构建制非正式、内部位势差异大、缺乏权威性、非常态化运作等特点决定了该协作小组很难成为京津冀三地横向利益协调的平台。2018年7月，该协作小组升格为"京津冀及周边大气污染防治领导小组"，其变化主要有二：第一，小组规格升高，这主要体现在组成人员级别提高，组长由国务院副总理担任，副组长分别为生态环境部，以及北京市、天津市和河北省的行政长官，国务院副秘书长和公安部副部长也成为小组成员；其二，领导小组办公室设在生态环境部，承担领导小组日常工作，办公室主任由生态环境部副部长兼任，成员为领导小组成员单位有关司局级负责人员。可以看出，相对于协作小组，领导小组的权威性得到加强，可以期许的是，在"京津冀及周边大气污染防治领导小组"的推动下，京津冀三地之间必将在大气污染联防联控上取得更大的进展。如图5.1所示。

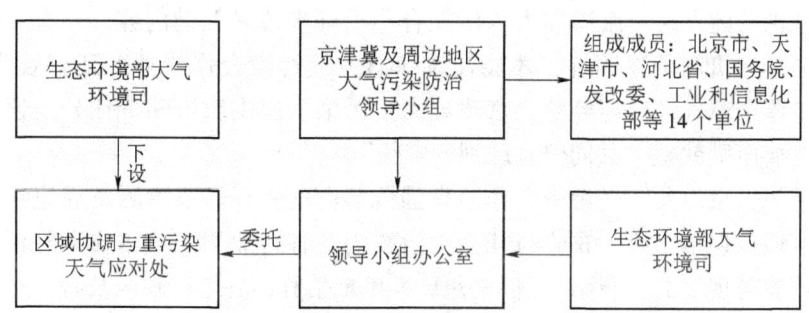

图 5.1　京津冀及周边地区大气污染防治领导小组构成及运行图

由图5.1可知，无论是协作小组还是领导小组，都是在中央政府推动下成立的合作治理组织，对于地方政府而言，这更多的是一种为回应中央层面的压力而进行的"压力型合作"，而非"自主型合作"。❶ 为了完成重大政治任务，京津冀三地的地方政府开展的是非常态化的、被动式的合作治理，一旦"压力"减弱，地方政府必然重新回到利益博弈的"老路"，区域大气污染也将重新陷入困境。为了实现更为有效、稳定和长期的合作行动，地方政府必须从横向利益协调角度对既有的合作组织进行优化。首先，应以立法而不是行政法规或条文的形式对领导小组的具体定位问题进行明确，包括人员

---

❶ 孟庆国，魏娜. 结构限制、利益约束与政府间横向协同——京津冀跨界大气污染府际横向协同的个案追踪［J］. 河北学刊，2018（6）：168.

编制与经费来源及安排等实质性问题。其次，应在现有的领导小组执行办公室之下，另行成立"规划与标准合作办公、合作执法办公、信息合作办公室、联络及协调办公室"❶等有关职能分工的办公室，与现有的区域大气污染防治专家委员会共同合作，具体展开京津冀大气污染合作治理的各项工作。与此同时，将原有设在北京市环保局之下的"大气污染综合治理协调处"的各项职责转到联络及协调办公室之下负责。

京津冀大气污染治理要从非常态化的、被动式的合作治理走向真正的地方政府间自主性合作，仍有很长的路要走。合作组织优化的目的在于构建地方政府间横向利益协调的平台，进而为建立横向利益协调的常态化机制打下组织基础，最终为形成京津冀大气污染治理的地方政府间自主型合作做出贡献。

二、合作规则的完善：强调共同治理，明确责任分担

合作治理是京津冀三地避免大气污染所带来的共同损失的题中应有之义。合作规则的建立对于京津冀大气污染合作治理来说是关键内容，只有对政府间责任分担机制予以明确，才能使京津冀大气污染合作治理得到有效执行。参考借鉴全球气候治理经验，京津冀大气污染治理中政府间责任分担遵循的一个主要原则就是"共同但有区别的责任"。

首先，京津冀大气污染合作治理强调共同的责任。京津冀及周边各省区行政区域与包括工业、农业与社会生活在内的各行业均对京津冀大气污染做出了历史与现实的"贡献"，但是想要准确地估算出各个行政区及各个行业分别给京津冀大气污染做出多大比例的"贡献"，成本极其高昂，几乎是不可能的，因此只能通过强调共同的责任来规避对成本的核算。此外，京津冀大气污染治理的收益是为区域内所有成员共享的，因此，确立京津冀大气污染治理的共同目标，区域内各行政区、各行业及公众为此做出共同的努力，是共同责任的应有之义；其次，有区别的责任体现在对污染源头的追踪导致污染治理的责任最终要落实到京津冀三地及周边地区各地方政府身上，并且责任的分配要具有公平性与可行性。不同发展程度的地区与区域间承担的责任不同，且需要对各地区与区域进行包容性协调。具体来说，从物理来源角度出发，污染源产生于生产与生活活动，产品的生产者同时也是京津冀大气污染的"制造者"，同时，消费者由于消费了产品，也应对生产过程中产生的污染

---

❶ 魏娜，孟庆国．大气污染跨域协同治理的机制考察与制度逻辑——基于京津冀的协同实践[J]．中国软科学，2018（10）：89-90．

物负责。2018年5月,京津冀三地及周边地区首次建立了区域大气污染物排放清单,该清单对主要污染物与污染源进行了分类,这为有针对性地识别污染责任主体,进而进行责任分割提供了可能性条件。

但是仅对京津冀大气污染物产生的物理源头进行分析是不够的,有区别的责任建构还离不开对于各地区、各区域的发展历史与现实的考量,只有充分体现了区域公平性的责任分担机制才是可行的。从现实层面考虑,经济相对落后的河北省同时也是污染的重要源头,这源于其落后的产业结构,对于河北省来说,其污染治理任务艰巨,且治理能力与支付意愿极其有限。如果由河北省来承担京津冀大气污染治理的主要责任,是不公平的,原因在于:第一,从历史分工来看,北京作为首都,具有政治、经济、文化、科技等资源优势,其经济发展水平高,且产业结构以第三产业等高科技及高附加值产业为主,污染轻,而河北省则作为北京与天津的生态屏障与落后产业的承接地而存在,这种产业分工与地区发展定位在行政级别决定资源配置的形势下愈发固化,河北省更多的是服务于北京,其发展机会受限,无论是居民收入、产业结构还是就业机会均处于弱势,这对于河北省来说是极其不公平的,北京钢铁企业向河北搬迁及"环京津贫困带"的产生即是证明,因此,由河北省来承担京津冀大气污染治理的主要成本是不合理的。第二,区域间分工导致的污染转移。污染包括直接污染与间接污染,直接污染即我们通常意义上讲的"谁污染,谁治理",间接污染则需要考虑区域间贸易所带来的污染转移。由于区域分工的存在,作为污染物主要来源的河北省,其所生产的产品不光用来自己消费,还通过区域间贸易供应了其他地区,例如,河北省的钢铁、化工产业所生产的产品为北京、天津地区所消费,但是污染的承担者却是河北省,尽管河北省为此获得了经济上的发展,但是作为污染的直接生产者,其也付出了短期经济成本与长远的环境代价。

总之,京津冀大气污染治理既要责任共担,也要基于历史与现实"贡献"的区别对各地区责任进行区分,并基于公平性与可行性原则对不同的责任关系进行协调,以防止落后地区承担过重的责任。基于以上原则,京津冀大气污染治理责任分担机制的建立要按照"三步走"进行。第一步,京津冀地方政府间要实行责任共担。区域内各地方政府及其相关部门共同承担大气污染治理责任,要从区域整体性出发建立大气污染治理的联防联控机制,立法联动,执法标准统一,监督机制协同;第二步,要基于各地方政府对京津冀大气污染治理的历史贡献与现实贡献来划分责任,严格划分各行政区减排责任;第三步,综合考虑区域一体化带来的分工及污染物来源清单,建立大气污染责任分担机制。经济发展水平高的北京与天津要对河北省治污行为进行生态补偿,以弥补河北省由于治污所丧失的发展机会,实现利益的平衡。只有这样,才能建立起一个行之有效的责任分担机制。

三、合作机制的改进:健全已有机制,强化自主合作

(一)沟通协调机制的构建

京津冀大气污染合作治理离不开三地政府间沟通协调机制的构建。所谓京津冀大气污染合作治理的沟通协调机制,指的是京津冀地方政府在大气污染治理过程中通过信息交流对合作治理中的矛盾进行协调的机制。其中,信息沟通是前提,协调是目的,经过信息沟通暴露矛盾,然后采用合适的手段协调解决矛盾,二者相辅相成,缺一不可。京津冀三地政府在大气污染治理中虽然存在共同利益,但是地方政府间异质性导致它们在京津冀大气污染治理中的态度不同,沟通协调机制的建立是协调三地政府间关系,实现京津冀大气污染合作治理的关键。

首先,协调机制的建立离不开协调平台。京津冀三地横向地方政府间的谈判与协商离不开一定的组织平台。在京津冀大气污染治理中,中央政府通常会牵头成立协调小组、领导小组或跨域管理机构以推动区域环境合作的开展。2013年9月18日,在中央政府的牵头下京津冀三地成立了京津冀及周边地区大气污染防治协作小组,负责协调三地及周边地区环境治理的共同行动。2018年7月,国务院正式发出通知,协作小组升级为京津冀及周边地区大气污染防治领导小组,领导小组切实促进了京津冀区域大气污染治理工作的协调推进与责任落实工作。一方面,该领导小组为区域内各地方政府提供了协商议事的平台,地方政府借助此平台就大气污染联防联控工作进行充分的讨论以达成一致意见,当意见相左时,中央政府以"仲裁者"与"调停者"的身份从中加以协调,这对于各地方政府间共识的达成有着重要作用。另一方面,领导小组可以敦促各方责任的落实。作为更高规格的协调机构,领导小组组长由国务院副总理担任,更有助于京津冀大气污染防治工作的宏观统筹。此外,京津冀三地地方政府还可以自行协商构建一个三地地方政府间进行沟通、协商与对话的平台,这种平台往往建立在信任基础上,对于地方政府间形成制度化沟通有积极的促进作用。

其次,建立起京津冀三地政府进行大气污染治理的协商制度与合作网络。合作往往建立在合作各方彼此间信任、理解、承诺的基础之上,利益矛盾与

冲突贯穿于合作过程的始终,在京津冀合作治理的沟通协调机制中,地方政府间应该能够就利益冲突进行直接的对话,通过这种直接的对话实现利益相关方间的"深度沟通",以相互谅解与达成共识。京津冀三地政府的利益冲突通常表现在大气污染治理中利益的分配上,因此,京津冀三地合作治理中合作网络的构建应注意以下两个方面:一是要实现京津冀区域内环保项目的联合审批。行政审批制度应该打破地方政府间与部门间行政壁垒,突破行政审批制度的碎片化困境,借助网络治理平台,建立协同型行政组织、编制共同审批标准,推动京津冀三地政府联合审批的实现;二是要构建共同的大气质量监测网络,实现信息共享。大气污染信息共享是京津冀合作治理大气污染的前提,制定共同的大气监测标准,建立京津冀及周边区域大气污染信息监测与共享体系,需要对区域内各地区污染物排放量及区域污染物传输量进行明确,并展开对复合型大气污染的专项研究,以为京津冀三地合作治理大气污染提供技术保障。

(二)执行机制的健全

1. 建立执行组织体系

京津冀大气污染合作治理的实现离不开一定的组织载体。有力的执行组织及其正常运转是确保执行有效的关键。京津冀大气污染合作治理中执行组织涉及与中央政府的委托代理关系,为了确保执行组织有效执行作为委托人的中央政府的政策,要加大中央政府在执行组织组建中的参与力度,并引入公民参与,形成中央政府、地方政府及公民三个层面参与的制度性组织机构,增强组织执行的力量。京津冀大气污染治理中,运用整体性治理理念,构建起从中央层面到地方层面的多层级执行机构体系,通过各执行主体间的协调、沟通与整合来实现京津冀各地方政府间的紧密合作,通过组织结构的重建,重新梳理各执行主体的权力与责任,为京津冀大气污染治理中京津冀地方政府的有效合作奠定组织基础。

首先,京津冀三地及周边地区大气环境管理局是生态环境部大气环境司加挂的一块牌子,但是仍然具有跨越性意义,是我国首个跨区域环保机构。京津冀大气污染治理中,中央政府因为其独具的权威性,在京津冀大气污染合作中能够对地方政府间利益冲突起到协调的作用,实现地方政府间利益的平衡与妥协,此外,中央政府还发挥着推动区域合作的角色,以经济或行政手段推动京津冀大气污染合作的落实。

其次,区域环境事务理事会成员由京津冀地区各地方政府成员组成,主席由成员选举产生,并经中央同意,配套建立起相应的组织制度与规章细则。该机构主要职责在于从京津冀大气污染治理的整体性出发,对京津冀大气污染治理进行区域层面的规划与管理,区域一级的组织机构的设立是为了发挥其在中央与地方间的沟通协调作用,以确保府际协议的有效执行。

最后,针对区域执行组织机构的完善问题,设置专门职位,对执行组织机构的权限与义务进行落实,更好地发挥执行组织机构履行府际协议的作用。如图5.2所示。

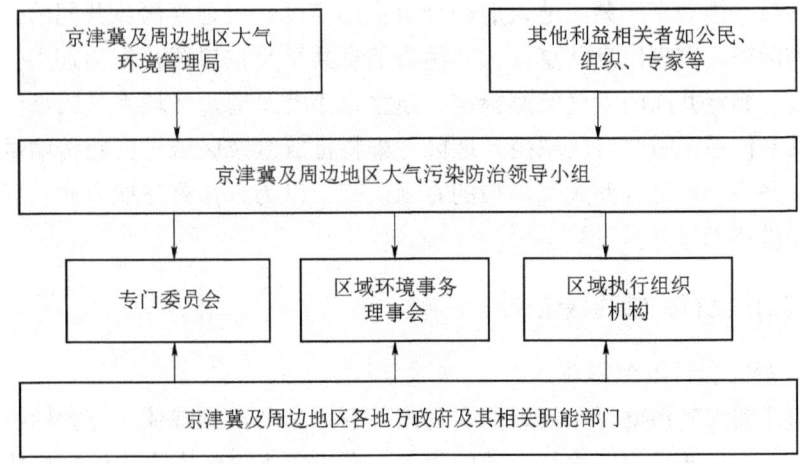

图 5.2　京津冀大气污染执行组织机构

2. 改进执行评估体系

在京津冀大气污染治理中,如果能够设置科学的评估体系,调整作为府际协议执行者的地方政府与作为委托者的中央政府间的利益目标,以使其达到一致,进而实现中央与地方的激励相容,激发地方官员进行京津冀大气污染合作治理的动力。

首先,可以在现有的京津冀大气污染合作指标体系基础上,建立起三地政府在府际协议履行中目标完成情况的绩效评估办法。官员政治锦标赛作为对地方政府进行激励的一个重要手段,如果将京津冀大气污染合作指标体系完成情况的评估结果引入政治锦标赛中,作为对地方官员进行奖惩的一个重要指标,那么地方政府履行府际协议的积极性将大大提高,进而解决了执行中的激励难题。需要注意的是,环境绩效评估中信息收集机制的建立十分必要,可通过构建京津冀数据交换中心的方式,对京津冀大气污染合作治理的绩效数据进行采集,这不仅可以减轻地方政府数据收集的压力,还可以充分保证信息的真实性。

其次，单纯对京津冀大气污染合作治理执行结果的评估，并不能从根本上改变地方政府合作治理的意愿，只有通过重新改进现有绩效评估指标，才能从根本上提高地方政府合作治理的动力。为此，中央政府应加大对地方政府提供区域环境产品职能的考核，如设立环境约束性目标，将约束性目标的完成情况与地方官员的晋升直接挂钩，实行环境领域的"一票否决"。这些举措促使地方政府不得不对京津冀大气污染进行关注，实现了激励相容。

最后，地方政府作为公众利益的代表者，公民理应参与到环境合作绩效的评估之中，这既可以促使地方政府关注公民对京津冀大气污染治理的需求，形成满足公民需求的大气环境治理目标，还可以进一步保证绩效评估的真实性。

（三）监督机制的重建

府际协议执行中的监督是为了确认执行者应承担的责任而对协议执行过程与结果的监督。长期以来，我国对地方政府政策执行的监督以上级监督为主，但受信息不对称的影响，上级监督的效果有限。因此，重新建构对地方政府执行府际协议的监督十分必要。

首先，要构建起多元化的监督主体。京津冀大气污染治理中形成的府际协议牵扯到多方利益主体，相应地，监督主体也分为多个层次：一是来自党群机关人员的监督；二是来自行政系统内部上级政府的监督；三是企业法人与社会组织的监督；四是来自公众的监督。而从政府层面来看，监督主体包括中央政府、区域机构、省市政府与地级政府及其内部。要对这些监督主体进行充分整合以发挥其整体效力，逐步加大公民监督的力度，充分发挥媒体作为公众与政府间媒介的作用。在对多元监督主体进行整合的过程中，建立起严密的监督体系，使得上下监督与内外监督相互配合，对京津冀大气污染进行全方位、多层次的监督，以保障府际协议的有效履行。

其次，要完善执行信息的公开机制。包括面向公众与面向各级地方政府的信息公开两种。公众作为京津冀大气污染治理的利益相关者，有对京津冀大气污染府际协议执行情况的知悉权，政府相关网站要及时公布府际协议的执行情况，并且面对与公众利益攸关的合作决策，通过决策听证会的形式与公众进行充分的沟通，确保公众利益诉求得到表达与体现。对于合作各地方政府而言，知晓其他地方政府协议执行情况是十分必要的，否则京津冀大气污染合作就无法顺利推进。因此应该建立起京津冀大气污染合作的信息共享制度，作为合作方的各地方政府相互交流合作协议的执行情况，并将执行信息呈现在公众面前。

最后,合作中执行问责机制的构建对于及时发现并追究地方官员在执行过程中的失责行为意义重大。京津冀大气污染治理中,通过问责机制对没有有效执行府际协议的地方官员进行责任追究,能够保障府际协议的执行效率与效果。将监督与执行评估结果结合起来,对大气污染治理未达标的地方官员进行问责,进而构建起严密的责任体系。此外,为了防治监督主体的不当监督行为,需要构建起对监督主体的责任追究制度,依法追究监督主体未能有效执行监督责任的失职行为。

第四节　纵向嵌入式治理:京津冀大气污染合作治理的有益补充

作为复杂性较强的区域合作问题,京津冀大气污染合作治理这一个案的特殊性在于其协调成本、监督成本,以及信息成本都较高,因而从"压力型合作"向"自主型合作"的完全转变是个理想状态,现实治理情况往往介于二者之间,因此正视中央政府的纵向嵌入作用并选择合理的嵌入工具与手段,成为有效治理京津冀大气污染问题的理性选择。

一、纵向嵌入式治理概念及必要性

(一)嵌入性与纵向嵌入治理

所谓嵌入性,指的是不同主体间的一种连接关系及行为特征,通过一系列的互动行为及关系形塑以达到某种倾向性目标。❶ 卡尔·波兰尼(Karl Polanyi)在《大转型:我们时代的政治与经济起源》中开创性地将"嵌入"理论引入对经济与社会间关系的分析中,他认为必须考虑社会关系网络对经济行动的制约与影响。此后,嵌入理论被不断地丰富与深化,不同学科的研究者从不同视角对其进行了拓展,格兰诺维特(Mark Granovetler)塑造了社会嵌入性的解释框架,将经济、市场与社会间的关系推向了深入。沙龙·祖金(Sharon Zukin)和保罗·多明戈(Paul Dimaggio)对嵌入性概念进行了延伸,把嵌入分为政治嵌入、认知嵌入、文化嵌入与结构嵌入。嵌入理论逐渐超出经济社会学领域,被其他学科研究者进行了拓展,为我们理解人类行为

---

❶ 吉鹏.政府与社会组织的互动嵌入研究:基于政府购买社会服务的考量[J].长白学刊,2019(1):47-48.

的嵌入性及影响提供了重要视角。

所谓纵向嵌入式治理机制，指的是将纵向政府关系嵌入区域合作之中，通过纵向与横向政府关系的有机结合达到解决区域合作问题的一种治理途径。❶ 纵向嵌入式治理机制包括两方面的内容：其一，区域合作嵌入国家治理环境中，其必然受到国家治理环境的影响，从这个意义上说纵向政府的嵌入具有其必然性；其二，嵌入的存在意味着反嵌入存在的必然性，特定的区域合作环境必然要求选择合适的纵向嵌入的工具、时机与方式。与传统治理体制强调中央政府的主导性不同，纵向嵌入式治理倡导中央政府引导下的地方自主性合作，避免中央政府对合作的直接干预，即使需要贯彻国家战略，也往往以地方政府合作为载体。纵向嵌入式治理机制作用的发挥主要依托政治、经济、行政、法律及组织人事等法定权力。如果跨域环境合作的过程是中央纵向机制强加的或在某种纵向激励下形成的，这种合作是无法持续的，一旦外部诱因消失，合作则无法进行。但是当跨域环境问题较为复杂时，横向政府间合作的交易成本增加，合作会陷入集体行动困境。

（二）京津冀大气污染合作治理，中央纵向嵌入的必要性

京津冀大气污染治理具有多重复杂性，中央政府的纵向嵌入具有必然性。首先，京津冀区域是我国首都所在地，北京聚集了国家部委、金融和企业总部等单位，其政治地位毋庸置疑，作为我国三大区域发展战略之一，京津冀协同发展于2014年上升为国家战略，大气污染联防联控作为京津冀协同发展的重要内容，中央政府的纵向嵌入成为必然。其次，京津冀大气污染治理由于三地经济发展水平与发展阶段的不同，其对环境治理的诉求不同；环保部公布的2014年京津冀钢铁企业大气污染治理名单中，北京没有钢铁企业，天津有17家，而河北达到了379家，河北省面临的节能减排任务最重，而作为相对落后的地区其经济发展诉求最为迫切，可见京津冀大气污染治理的利益关系较为复杂，需要中央政府牵头成立相应的协调性组织以回应各行政区的利益诉求，达成合作治理。再次，京津冀大气污染治理涵盖的内容较多，从长期性任务如大气污染源头治理、构建完善的空气质量监测体系到短期性与应急性任务如对"散乱污"企业的综合整治、燃煤锅炉改造工程、工业企业错峰生产等不一而足，鉴于大气污染治理任务的多

---

❶ 邢华，邢普耀．大气污染纵向嵌入式治理的政策工具选择：以京津冀大气污染综合治理攻坚行动为例［J］．中国特色社会主义研究，2018（3）：77-78．

样性与复杂性，需要中央政府采用行政调控手段等政策工具对各任务进行明确分工，落实任务责任，并强化督察工作。最后，京津冀大气污染治理涉及对工业企业排污许可证制度的完善、区域生态利益补偿机制的建立及联防联控机制的构建等，这离不开中央层面以规则嵌入的方式建立和完善相关规则制度。

京津冀大气污染具有跨域传输性、污染物的复合叠加性及多发持续性等特征，传统的科层制治理模式以其碎片化及受制于行政区域限制的弊端而无法实现大气污染的有效治理，而京津冀大气污染问题本身的复杂性又决定了单纯依赖横向地方政府间的合作治理会面临利益协调困境，纵向嵌入式治理机制同时吸收了纵向治理机制的高效率及横向治理机制的稳定性优点，通过中央政府与地方政府的密切合作实现污染治理，同时纵向政府关系的介入对于增强横向地方政府间联系，构建彼此间的信任关系，降低横向政府间合作的交易成本及交易风险有重要意义。

二、纵向嵌入式治理的政策工具类型

政策工具指的是政府为了实现一定的政策目标而采取的具体手段与方式。纵向嵌入式治理要想达成其治理目标必然需要借助一定的政策工具，每种政策工具在具体应用时所产生的效果不同，适用的区域公共问题也不同。因此在纵向嵌入式治理的研究中，对政策工具的分类和选择十分重要。❶

对纵向嵌入式治理工具的分类离不开两个维度的考量：一是纵向政府关系嵌入的程度，即纵向权力介入的刚性差异。纵向嵌入式治理依托正式权威下的刚性机制，其中既包括中央政府以政治、行政手段直接介入区域合作过程中，也包括区域治理机构的建立、沟通交流平台的搭建、产权界定、利益交换规则的制定等协调性手段。前者刚性程度较大，后者较为柔性，因此可以通过中央介入手段的刚性程度对纵向嵌入式治理工具进行分类。二是区域合作问题的复杂程度，具体来说包括参与主体的多样性及合作议题的复杂性。一般来说，区域合作问题越复杂，高层政治力量的介入就越有必要，而相对来说复杂程度较低的区域合作问题可以通过固定的规则与程序来解决。根据纵向嵌入程度及区域合作问题的复杂性两个维度，我们将纵向嵌入式治理的政策工具分为规则嵌入、机构嵌入、行政嵌入及政治嵌入，如图 5.3 所示。

---

❶ 邢华，邢普耀. 大气污染纵向嵌入式治理的政策工具选择：以京津冀大气污染综合治理攻坚行动为例 [J]. 中国特色社会主义研究，2018（3）：78-80.

第五章 个案分析：京津冀大气污染合作治理

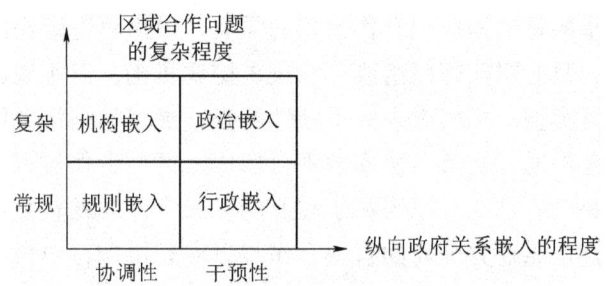

图 5.3 纵向嵌入式治理的政策工具类型

（资料来源：邢华、邢普耀．大气污染纵向嵌入式治理的政策工具选择——以京津冀大气污染综合治理攻坚行动为例 [J]．中国特色社会主义研究，2018（3）：79．）

一般来说，当合作问题较为复杂，合作风险较高且涉及国家重大战略的情形，政治嵌入以其对回应性、代表性、可问责性等公共价值观的强调而适用。政治嵌入所面对的区域公共问题往往比较复杂，与路线、方针、政策等战略性议题相关，涉及的利益关系较为复杂，利益协调较为困难，非高层政治力量的介入而不能解决。作为高度干预性的手段，政治嵌入需要地方政府严格按照中央的指令行事，否则地方政府就会承担政治责任。中央政府政治嵌入的手段有战略方针的制定、政治宣传与动员、组织人事的任免及中央督察等，通过这些手段的采用保证地方政府形成统一的行动纲领，严格贯彻中央的战略意图，这也是中央政治权威的体现。政治嵌入作为嵌入程度最高的政策工具类型，其解决区域公共问题的效率也相对较高。但是政治嵌入下的治理行动如果不能制度化与常态化，极有可能演变成"运动式治理"，区域治理效果则无法稳定与持续下去。

行政嵌入指的是中央政府以行政措施的规定、行政法规的制定、行政决定和命令的发布等手段介入区域合作中的政策工具类型。中央政府作为最高国家行政机关，统领地方各级行政机关，区域合作中，中央政府运用行政嵌入的各种手段与方式以保障合作的顺利进行，因此行政嵌入也是一种嵌入程度较高的干预式的政策工具类型。但是与政治嵌入适用于涉及国家重大战略的区域合作问题不同，行政嵌入适用于比较具体性与常规性的区域合作问题，政策工具作用的对象及运用过程都比较明确。随着新公共管理运动中对战略管理、目标、绩效管理手段的引入，行政嵌入的手段也逐渐多样化，战略规划、监督监察和绩效评估等手段也被应用到区域合作中来。但是在行政嵌入手段的应用中，要始终坚持中央政府不能干预地方政府自主性合作的原则，要"补位"而不能"缺位",注意充分发挥地方政府的积极性与主动性。

机构嵌入指的是根据区域合作治理的需要,中央政府牵头区域合作所涉及的地方政府或政府职能部门组成区域议事协调机构,以实现区域合作问题解决的政策工具类型。机构嵌入的干预性不强,更多的是将区域合作各方组织起来,建立起沟通、交流与协商的平台以嵌入区域合作过程之中。平台之所以必须由中央政府牵头,原因在于涉及的区域合作问题较复杂,利益协调难度较大,单纯依靠地方政府的自主合作难以实现协调,中央政府的介入十分必要。机构嵌入的方式有区域合作协调(领导)小组的建立、中央政府牵头成立的区域内地方政府间正式或非正式联盟、跨域合作机构的设立,其目的在于解决由区域合作利益关系复杂所导致的协调成本过高问题。区域合作领导小组具有较高的权威性,能够增强纵向和横向政府间交流,但也要注意地方政府利益诉求的充分表达。在设立跨域合作机构时,要处理好区域层面与地方层面权力分配关系,避免出现"多头治理"的局面。

作为中央政府干预程度最低的政策工具类型,规则嵌入主要是通过规则制定的方式为区域合作提供平台与激励,以解决区域合作中存在的成本分担与利益分配问题。中央政府在规则嵌入中的主要作用是"中间人"或"补偿者",利用经济或制度手段解决成本收益分配问题以缓解区域合作风险。这类政策工具适用于区域合作问题较为明确、合作议题相对单一但又无法通过地方政府间自主性合作解决的区域合作问题。规则嵌入的具体方式包括区域补偿制度及产权交易制度的建立等,规则嵌入离不开上级政府对各方利益相关者利益诉求的统筹考虑,否则容易导致利益受损者的中途离场,影响合作进程的开展。

在区域合作治理中,四类政策工具往往组合使用,形成纵向嵌入式治理的政策束,在这一政策束中,对于比较简单与常规的区域公共问题,可以考虑采用规则嵌入的方式;对于需要监督执行的区域问题,则需要增加行政嵌入方式以增强纵向嵌入程度;当所涉及的区域合作议题较为复杂、利益协调较为困难时,干预性更强的机构嵌入对于各合作方的沟通协调往往有较好的效果;当区域合作议题的战略意义较高时,政治嵌入十分必要。总之,对于纵向嵌入式治理政策工具的选择,要结合区域合作问题的特征及政策工具本身进行综合考虑,以达到最佳的区域合作治理效果。

三、京津冀大气污染纵向嵌入式治理的政策工具选择

到 2017 年,"大气十条"确定的目标如期实现,全国以及京津冀区域空

气质量改善明显，但大气污染形势仍旧不容乐观，尤其是京津冀地区依然是全国空气质量最差的地区，河北、天津、河南、山东、山西等省市空气优良天数比例不足60%。2018年6月27日，国务院正式印发实施《打赢蓝天保卫战三年行动计划》，计划通过三年努力进一步降低细颗粒物浓度，减少重污染天数。2018年7月30日，生态环境部印发了《生态环境部贯彻落实〈全国人民代表大会常务委员会关于全面加强生态环境保护 依法推动打好污染防治攻坚战的决议〉实施方案》。❶ 在此基础上，为了做好2018年10月至2019年3月秋冬季大气污染防治工作，打赢蓝天保卫战，生态环境部、工信部、发改委等10部门联合六省市地方人民政府共同发布了《京津冀及周边地区2018—2019年秋冬季大气污染综合治理攻坚行动方案》，作为大气污染治理中较为详细及全面的政策文件，《攻坚行动方案》对于京津冀大气污染治理中纵向嵌入式治理政策工具使用的研究具有重要意义。

纵向嵌入式治理的四类政策工具体现在《攻坚行动方案》的诸多方面，包括合作前期的沟通协调与经济支持、合作中期的网络监测监管、动态管理、联动机制及强化督察及合作后期的绩效评估与考核、专项督察等。政策工具的选择取决于所需处理问题的复杂性与严重性，面对较为复杂与严重的合作问题，政治嵌入与机构嵌入手段的应用比较多，当合作问题较为简单与常规化时，行政嵌入与规则嵌入手段较为常用。

（一）机构嵌入：中央政府牵头成立议事协调机构

区域合作实现的一个重要前提在于合作各方的沟通与交流。在京津冀大气污染治理中，中央政府往往会牵头成立协调小组、领导小组或跨域管理机构以推动区域环境合作的开展。

首先，2013年9月18日，在中央政府的牵头下京津冀三地成立了京津冀及周边地区大气污染防治协作小组，负责协调三地及周边地区环境治理的共同行动。其次，2018年7月11日，为了更好地落实《打赢蓝天保卫战三年行动计划》，从宏观上对京津冀及周边地区大气污染防治工作进行统筹协调，国务院办公厅发出通知，将京津冀三地及周边地区大气污染防治协作小组升级为京津冀及周边地区大气污染防治领导小组。该领导小组由国务院副总理担

---

❶ 生态环境部官网.［环厅〔2018〕70号］关于印发《生态环境部贯彻落实〈全国人民代表大会常务委员会关于全面加强生态环境保护 依法推动打好污染防治攻坚战的决议〉实施方案》的通知［EB/OL］.（2018-07-30）［2021-04-25］.http://www.mee.gov.cn/xxgk2018/xxgk/xxgk03/201808/t20180802_629651.html.

任组长,增加了公安部作为领导小组成员,能够更好地协调多方利益关系。最后,2018年9月13日,中央人民政府官网及中国机构编制网发布了《生态环境部职能配置、内设机构和人员编制规定》,该《规定》将"大气环境管理司"更名为"大气环境司",并且加挂了京津冀及周边地区大气环境管理局的牌子,这是我国首个跨区域大气污染防治机构,该机构负责组织协调大气面源污染的防治工作,制定大气质量改善目标的落实与考核制度,拟定重污染天气的应对措施并承担了京津冀及周边地区大气污染防治领导小组的日常工作。❶

京津冀三地及周边地区大气污染防治领导小组切实促进了京津冀区域大气污染治理工作的协调推进与责任落实工作。一方面,该领导小组为区域内各地方政府提供了协商议事的平台,地方政府借助此平台就大气污染联防联控工作进行充分的讨论以达成一致意见,当意见相左时,中央政府以"仲裁者"与"调停者"的身份从中加以协调,这对于各地方政府间共识的达成有着重要作用;另一方面,领导小组可以敦促各方责任的落实。作为更高规格的协调机构,领导小组组长由国务院副总理担任,更有助于京津冀大气污染防治工作的宏观统筹。然而事实上,《攻坚行动方案》明确提出该领导小组负责指导、督促以及监督有关部门与地方严格落实秋冬季大气污染防治综合治理攻坚行动,健全相关责任体系并进行考核奖惩的实施。❷

与协作小组相比,领导小组增强了权威性,并设立了京津冀及周边地区大气环境管理局来承担京津冀及周边地区大气污染防治领导小组的日常工作,领导小组工作机制的稳定性与持续性增强,对于在京津冀及周边地区大气污染治理长效作用的发挥起到了促进作用。但是目前来看,该领导小组仍面临着在体现中央权威的同时,如何充分发挥地方政府的积极性与主动性,实现多主体协同推进跨域大气污染联防联控工作的难题。

(二)行政嵌入:强化任务分工与责任落实并加强监督检查

行政嵌入以其一般化与常态化特点而被广泛应用于协作治理中。京津冀大气污染治理攻坚行动中,行政嵌入的表现方式主要有三种:其一是强化任务分工与责任落实,其二是构建监测网络体系,其三是加强大气污染防治的监督检查工作。

---

❶ 新京报. 设"京津冀大气环境管理局"打破治污行政壁垒[EB/OL].(2018-9-13)[2021-4-25] https://baijiahao.baidu.com/s? id=1611467659274834837&wfr=spider&for=pc.

❷ 生态环境部.关于印发《京津冀及周边地区2018-2019年秋冬季大气污染综合治理攻坚行动方案》的通知[EB/OL].(2018-9-21)[2021-10-20] http://www.mee.gov.cn/gkml/sthjbgw/sthjbwj/201809/t20180927_630570.htm.

《攻坚行动方案》针对京津冀三地及周边地区秋冬季大气污染治理工作的展开提出了 10 项主要任务与 31 项具体任务（见表 5.2）。每项任务制定了各地需要完成的指标，并且以较为细化的指标来确保任务的完成度。《攻坚行动方案》同时提出要实施严格的考核问责制度，由京津冀三地及周边地区大气污染防治领导小组办公室对各地空气质量改善与重点任务的进展情况开展月调度、月排名与按季考核。实行生态环境保护的"党政同责""一岗双责"，强化对于大气污染治理责任不落实、工作不到位、污染问题突出与空气质量恶化地区的督察问责，并制定量化问责办法，对于重点攻坚任务完成不到位，空气质量改善不达标或改善幅度靠后的地区实施量化问责，综合运用包括排查、交办、核查、约谈与专项督察在内的"五步法"监管机制以压实基层责任。

表5.2 京津冀及周边地区秋冬季大气污染综合治理攻坚行动任务与措施表

主要任务	具体任务
调整优化产业结构	严控"两高"行业产能、巩固"散乱污"企业综合整治成果、深化工业污染治理、加快推进排污许可管理
加快调整能源结构	有效推进清洁取暖、开展锅炉综合整治
积极调整运输结构	大幅提升铁路货运量、加快车船结构升级
优化调整用地结构	加强扬尘综合治理、推进露天矿山综合整治、严控秸秆露天焚烧
实施柴油货车污染治理专项行动	严厉查处机动车超标排放行为、加强非道路移动源污染防治、强化车用油品监督管理
实施工业炉窑污染治理专项行动	全面排查工业炉窑、加大不达标工业炉窑淘汰力度、加快清洁能源替代、实施工业炉窑深度治理
实施 VOCs 综合治理专项行动	深入推进重点行业 VOCs 专项整治、加强源头控制、强化 VOCs 无组织排放管控、推进治污设施升级改造、全面推进油品储运销 VOCs 治理
有效应对重污染天气	加强重污染天气应急联动、夯实应急减排措施
实施工业企业错峰生产与运输	因地制宜推进工业企业错峰生产、实施大宗物料错峰运输
加强基础能力建设	完善环境空气质量监测网络、加强污染源自动监控体系建设、强化科技支撑、加大环境执法力度

资料来源：根据《京津冀及周边地区秋冬季大气污染综合治理攻坚行动方案》整理

从监测与监控体系构建方面看，《攻坚行动方案》提出要完善环境空气质量监测网络，到 2018 年 9 月底前，各省市要在国控监测网基础上，进一步推动省控、市控和县控空气质量监测的统一联网。加快推进建设国家级新区、高新区、重点工业园区及港口的空气质量监测站点，保证各城市至少建立一套环境空气 VOCs 监测站点。加快推进建设京津冀及周边地区大气颗粒物组分及光化学网能力。在污染源自动监控体系建设方面，2018 年 10 月底前由生态环境部出台 VOCs 在线监测技术规范。各地区在高架源安装自动监控设施时要严格落实排气口高度超过 45 米且数据传输有效率达 90% 的安装要求与规定，未达标的进行停产整治。2018 年 12 月底，对于钢铁等重点企业厂区进行空气质量监测微站点的布置以监控颗粒物情况，建立机动车"天地车人"一体化监控系统；各城市建设完成 10 套左右固定垂直式、2 套左右移动式遥感监测设备，各省要完成机动车排放检验信息系统平台的建设，形成国家、省、市遥感监测、定期排放检验数据三级联网体系，实现监控数据的实时、稳定传输。

从强化督察方面看，持续开展大气污染防治强化专项督察工作，抽调全国环境执法骨干人员，实行定点进驻与压茬式进驻、随机抽查与"热点网络"相结合的方式，实现全覆盖。重点督察各地在产业、能源、用地与运输等方面的结构调整与优化中存在的问题；"散乱污"企业整治、散煤治理和燃煤小锅炉淘汰落实不力与死灰复燃问题；企业超标排放、监测数据造假、治污设施非正常运行、提标改造任务未完成、工业炉窑治理不力、VOCs 专项整治不到位等问题；公转铁、柴油车管控落实不到位问题；扬尘监管不力、错峰生产未落实、重污染天气应对不力等问题，问题一经发现，进行"拉条挂账"跟踪管理。

（三）政治嵌入：强化中央生态环保督察与加强宣传教育

政治嵌入的嵌入程度最高、效果最强，在《攻坚行动方案》中主要表现为中央生态环保督察与加强生态环保的宣传教育。

《攻坚行动方案》指出，对于秋冬季大气污染防治重点任务落实不力、环境问题突出、环境质量改善不明显甚至恶化的地区，中央环保督察组进行重点督察。结合中央环保督察"回头看"，对地方党委与政府及有关部门治污不作为、慢作为甚至失责行为进行重点督察；问题非常严重的地区进行点穴式与机动式的专项督察。中央环保督察经常与行政强化督察混合使用，实践中逐步形成了排查、交办、巡查、约谈与专项督察"五步法"，强化地方"党政同责"与"一岗双责"。督察组会将在强化督察中发现的问题以发文的形式移交给当地政府。生态环境部将抽调部分人员组成巡查组,对地方政府处理督查组移交的环境问题整改情况进行核查,并督促任务的落实,如果发现地方政府出现进度缓慢、整改不力的情况,巡查组会将问题上报给生态环境部,生态环境部进而约谈相关地方政府责任人,勒令其进行整改。对于仍不悔改的地方政府责任人,生态环境部会以中央专项督察的方式对地方政府治理不力的情况进行调查取证,移送给相关司法部门进行严肃问责,将压力切实传导到基层政府。"五步法"是一个嵌入强度逐渐提高的过程,中央对地方政府责任人的负向激励强度越来越大,地方官员不作为、乱作为的成本大大提高,中央环保专项督察与问责对地方官员的环境行为形成倒逼机制,迫使其严格本地环境治理,提高环境合作治理的效率。

从宣传教育方面看,引起各地对攻坚行动宣传教育工作的重视,制订并落实相应的宣传工作方案。定期召开新闻发布会以通报攻坚行动进展,回应公众关心的热点问题。协调地方电视台增设"曝光台"栏目,自 2018 年 11 月 1 日起,保证每周一至周五以不少于三分钟的时长对突出环境问题的整改情况进行报道。开展"美丽中国,我是行动者"活动,引导公众自觉积极参与到大气污染防治工作中来,形成全民参与环保攻坚行动的良好氛围。此外,还要加快建立健全环保信息公开制度,各省(市)对外公布其对下属区县环境空气质量的排名情况。重点排污单位对排污监测数据及污染治理、重污染天气应对、环保违法处罚及整改信息等及时进行公布,鼓励有条件的地区及企业以电子显示屏的方式向社会公开环境信息,接受社会监督。

(四)规则嵌入:加大政策支持力度与制度保障

规则嵌入的主要手段包括区域补偿制度、产权交易制度的建立及制定相应的制度激励等。为了调动地方政府大气污染治理的积极性,《攻坚行动方案》指出要建立中央大气污染防治专项资金安排与地方环境空气质量改善的联动机制。中央财政加大对大气污染防治专项资金的支持力度,将"2+26"城市全部纳入清洁取暖试点城市的范围。地方各级人民政府要逐渐加大对本级大气污染防治资金的支持力度,对散煤治理、高排放车淘汰与改造、工业污染源深度治理、燃煤锅炉替代等领域进行重点支持。鼓励政府与社会资本在大气污染防治领域进行合作项目建设。

完善上网侧峰谷分时电价政策,将采暖用电谷时段延长至 10 个小时以上,支持有条件的地区建立采暖用电的市场化竞价机制,对于参加电力市场化交易谷段的采暖用电执行电价减半。对于农村地区利用地热能向居民供暖的项目运行电价按照居民用电的标准执行。鼓励各地加大对港口岸用电设施建设与运营的补贴力度。提升铁路货运服务水平，实行灵活的运价调整机制，努力降低铁路运输成本。对高污染、高能耗以及产能过剩的行业实行差别化电价，大幅提高限制类与淘汰类企业的电价。健全供热价格机制并合理制定清洁取暖的价格。

《攻坚行动方案》以创新制度补偿的方式，一定程度上弥补了京津冀三地由经济发展水平差异所带来的合作协调问题。但是需要注意的是，以财政、资金为主要手段的制度补偿形式要对资金的去向、专用性进行严格的规划与评估，以防止制度补偿的失效。

四、攻坚行动的效果及评价

2019年1月，生态环境部发布了《关于通报重点区域2018年10-12月环境空气质量有关情况的函》，对京津冀三地及周边地区"2+26"城市1月至12月的空气质量情况进行了通报，2018年1月至12月PM2.5平均浓度同比下降11.8%，平均浓度范围为50~74微克/立方米。从改善幅度看，除了开封，1月至12月"2+26"城市中的27个城市PM2.5平均浓度同比下降。10月至12月有10个城市PM2.5平均浓度同比下降，其中的9个降幅满足了秋冬季大气环境质量改善目标的要求，排名前三名的分别是邯郸、济宁与长治，同比下降比例分别为16.5%、13.2%和10.9%；天津市也满足了秋冬季环境目标改善的要求。

攻坚行动计划成果的取得离不开对纵向嵌入式治理工具的组合应用。在京津冀三地及周边地区大气污染防治领导小组的协调推动下，京津冀三地及周边省市政府责任清晰、任务明确，相关部门严格按照责任分工落实治理要求，形成了中央与地方合作推动京津冀大气污染治理的良好局面。机构嵌入对于协调各地方政府的利益关系，调动其积极性发挥了很大作用，摆脱了单纯依靠横向或纵向政府的单一治理局面。攻坚行动中政治嵌入与行政嵌入相结合，中央环保专项督察与行政强化监督相结合，有效向地方传导了大气污染治理的压力，有助于任务的落实。2018年9月至今，环保部组织了多个工作组对"2+26"城市及其所辖区域开展环保督察，督察进一步强化了地方党政主体责任，切实督促了基层政府责任的落实。中央通过制度补偿为地方政府的大气污染治理提供了政策支持，提高了地方政府大气污染治理行动的财政激励。

然而攻坚行动计划的开展中也暴露出一些问题，首先，在政治嵌入与行政嵌入的双重压力之下，地方政府出现了一些短期性与应急性行为，某些地区搞环保"一刀切"，对人民正常生产生活造成了不利影响，2017年末北方出现的"天然气荒"即是佐证。以重化工为主的产业结构、以煤炭为主的能源结构及以公路为主的运输结构短期内难以实现根本转变，在中央政府层层压力下，地方政府为了完成目标而采取数据造假的方式试图"欺上瞒下"。其次，有关于机构嵌入，尽管中央将京津冀大气污染防治协作小组升级为领导小组，但是如何发挥中央与地方两个主体的协同作用，尤其是不影响地方政府合作的自主性，保证合作治理的持续进行依然是个疑问。再次，规则嵌入方面，尽管形成了中央政府的资金支持规定，制度性供给不足依然存在，区域联防联控制度、排污税制度及区域生态补偿制度的构建不够完善。有效的制度供给才能保证治理效果的可持续。最后，京津冀大气污染治理的演变趋势是由非合作向制度性合作，再到自主性合作的过程，中央政府以制度性嵌入的方式培育地方政府合作的自主性与积极性，地方政府始终是京津冀大气污染治理的责任主体，因此，提升地方政府大气污染治理的内生动力十分必要。

综上所述，虽然纵向嵌入式治理政策工具的应用能够产生良好的治理效果，但是要注意把握好中央政府嵌入的时机与强度，应坚持以培育地方政府间自主性合作为原则，将重点放在提升地方政府治理的内生动力，解决地方政府合作的激励不足、合作意愿不强与合作成本较高等问题。纵向嵌入式治理政策工具的使用应注意平衡好央地关系，充分发挥二者积极性，致力于为地方政府间自主性合作培育稳定的制度预期，以保证治理效果的连续性与稳定性。

本章小结

本章以京津冀大气污染治理为案例，对地方政府间合作的利益分析框架进行了检验。第一节对合作主体、合作需求与合作现状进行了阐述。从合作主体的构成来看，笔者主要对京津冀三地省级地方政府的横向合作进行研究。作为合作主体的三地地方政府的大气污染合作治理行为是多重利益关系下的权衡与考量；从合作需求来看，大气污染问题的严重性及治理模式的不适用、地方政府对于具有外部性的大气污染治理的共同利益的认知、合作带来的稳定的成本收益预期是合作需求产生的三个条件；自2013年以来，从中央到地方采取的一系列联防联控措施取得了一定的合作成效，但是总体而言合作形势依然严峻。

第二节主要围绕京津冀大气污染合作治理的困境及其利益成因进行分析，尽管联防联控取得了一定成效，但就总体而言，京津冀大气污染合作治理依然面临合作困境，包括合作达成难、协议执行难与执行监督难三个方面。而造成合作困境的主要原因是利益矛盾与冲突，包括区域环境利益与地方经济利益的矛盾、"压力型体制"与"行政区行政"下的地方间利益冲突以及地方政府内部利益的不一致。

第三节指出京津冀大气污染合作治理从非常态的、被动式的"压力型合作"走向常态化的、主动性的"自主型合作"的关键在于建立起常态化与规范化的横向利益协调机制，具体路径包括合作组织的优化、合作规则的完善与合作机制的改进。

第四节从京津冀个案的独特性与现实状况出发，指出单纯依靠京津冀横向协调难以实现区域大气污染治理，中央政府的纵向嵌入不可避免，在纵向嵌入式治理的政策工具选择上，笔者以《京津冀及周边地区2018—2019年秋冬季大气污染综合治理攻坚行动方案》为例，对政治嵌入、行政嵌入、机构嵌入与规则嵌入四类政策工具的应用进行了具体分析。笔者认为，纵向嵌入式治理政策工具的使用应注意平衡好央地关系，充分发挥二者的积极性，致力于为地方政府间自主性合作培育稳定的制度预期，以保证治理效果的连续性与稳定性。

结　论

第一节　研究发现

地方政府间合作的核心是合作关系的自主化、制度化和常态化，但这种合作关系受到诸多变量的影响，诚如奥斯特罗姆所言："说明长期存续的制度的必要与充分条件是不可能的，因为它是那些使制度得以运作的人的意志的体现。不存在一套逻辑前提确保不同类型的个人愿意并且能够使具有这样前提的制度得以运作。"[1] 因此，找到一个地方政府合作的普适性解释框架难度很大，笔者在写作中也深感自身能力之不足，只能在借鉴前人研究的基础上，从利益视角出发，以跨域环境问题的合作治理为研究对象作出一点尝试。

回顾全书，笔者对以下问题作出了自己的理解和分析。

首先，跨域环境问题的地方政府合作治理是以利益为轴心展开的。事实上，利益关系是地方政府间关系中最根本、最实质的关系，本书将地方政府视为"经济理性与公共理性的矛盾统一体"，它代表了地方公共利益、地方政府组织利益，同时渗透着地方政府部门利益及地方官员利益，因而是一个复杂的利益综合体。合作需求是地方政府间进行跨域环境合作治理的前提，这种合作需求的产生条件包括地方政府之间在资源与要素上的匹配性、地方政府对共同利益的认知和地方政府对合作的成本/收益预期。

其次，即使存在合作需求，跨域环境治理中地方政府间的合作行动也未必一定产生或得到有效维系，地方政府策略抉择的变数决定了个体理性未必必然产生集体理性，合作中时常出现"议而不决""决而不行""行而不果"的困境，其深层诱因是行政区行政体制下地方政府之间的利益博弈，这种利

---

[1] 埃莉诺·奥斯特罗姆. 公共事物的治理之道 [M]. 余逊达, 陈旭东, 译. 上海: 上海译文出版社, 2012: 109.

益博弈根植于多层次的利益矛盾,包括区域利益与地方利益间矛盾、地方利益之间矛盾和地方政府内部的利益矛盾。

最后,破解跨域环境治理中地方政府合作困境的关键在于进行地方间横向利益协调。合作组织是地方政府间进行横向利益协调的平台,跨域环境问题较为复杂且合作风险较高,相应地对合作组织的制度化程度要求也高;在合作治理中,横向利益协调原则的建立是非常必要的,其焦点是基于"共同但有区别的责任"这一原则进行合理的成本分担;合作机制是实现地方政府横向利益协调的重要保障,其关键在于改善协商机制、健全执行机制以及改进监督机制。

综上所述,本书的结论是,在跨域环境污染的合作治理中,地方政府对错综复杂的利益关系的考量与综合、冲突与博弈、协调与整合,是攸关合作治理成败的关键所在,只有在清晰判定地方政府间利益关系的基础上,才能了解地方政府参与合作治理的需求;只有在科学研判地方政府间利益冲突与博弈的基础上,才能理解地方政府合作困境的深层原因;只有在协调地方政府间利益冲突意识的指导之下,从组织、规则和机制三个方面进行建构,才能实现有效、稳定且持久的地方政府合作行动。

第二节 未来研究展望

地方政府合作行动的生成是一个动态演变的过程,目前还不存在一个可以囊括其生成过程全部要素的完美分析框架,笔者能够做到的仅是在宏大的合作图纸中进行小的修修补补,以希冀在某一环节的某一要素上对图纸的完成有所贡献,因此,有待进一步研究的问题还很多,择其要者有两项。

其一,研究问题既因研究视角的确立实现了聚焦,也因聚焦于某一特定视角而忽略了其他视角对于本问题的解读。权力分析即是地方政府合作研究的另一重要视域,地方政府合作的本质在于地方间横向行政权力关系的协调❶。王浦劬在有关权力与利益关系问题上有如下论述:利益关系是政治权力形成的基础和社会前提,权力关系是人们以权威强制和合法资格的方式在社会公共生活中实现利益的途径❷。依此理解,地方间横向行政权力关系协调的目的在于实现区域公共利益,无论是权力还是利益视角,二者殊途同归。

---

❶ 彭彦强. 基于行政权力分析的中国地方政府合作研究 [D]. 天津:南开大学,2010 (5):1-3.
❷ 王浦劬. 政治学基础 [M]. 北京:北京大学出版社,2018:第二编序.

其二，即使就地方政府的自主性合作而言，影响其生成的因素也极其复杂。除了利益因素，地方政府间合作还受到其他因素的影响与制约，包括合作主体间的认同、外部制度环境、其他利益相关者和合作收益的可分割程度等，这些因素究竟影响合作行动的哪些环节，是如何产生影响的，都是亟待进一步研究的问题。

参考文献

中文文献

著作（含译著）

［1］ 安东尼·唐斯. 官僚制内幕［M］. 郭小聪, 译. 北京: 中国人民大学出版社, 2017.

［2］ 安东尼·唐斯. 民主的经济理论［M］. 姚洋, 译. 上海: 上海人民出版社, 2005.

［3］ 曾令发. 探寻政府合作之路: 英国布莱尔政府改革研究［M］. 北京: 人民出版社, 2010.

［4］ 陈庆云. 公共政策分析［M］. 2版. 北京: 北京大学出版社, 2011.

［5］ 戴维·米勒, 韦农·波格丹诺主编. 布莱克维尔政治学百科全书［M］. 北京: 中国政法大学出版社, 2002.

［6］ 丁煌. 西方行政学说史（修订版）［M］. 武汉: 武汉大学出版社, 2004.

［7］ 丁煌. 政策执行阻滞机制及其防治对策［M］. 北京: 人民出版社, 2002.

［8］ 方如康. 环境学词典［M］. 北京: 科学出版社, 2003.

［9］ 管跃庆. 地方利益论［M］. 上海: 复旦大学出版社, 2006.

［10］ 克里斯托弗·波利特等著. 公共管理改革——比较分析［M］. 夏镇平, 译. 上海: 上海译文出版社, 2003.

［11］ 林岗, 张宇主编. 马克思主义与制度分析［M］. 北京: 经济科学出版社, 2001.

［12］ 林尚立. 国内政府间关系［M］. 杭州: 浙江人民出版社, 1998.

［13］ 罗伯特·阿克塞尔罗德. 合作的进化［M］. 吴坚忠, 译. 上海: 上海人民出版社, 2007.

［14］ 罗伯特·罗茨. 新的治理［M］//俞可平主编. 治理与善治. 北京: 社会科学文献出版社, 2000.

［15］ 马克思, 恩格斯. 马克思恩格斯全集: 第1卷［M］. 北京: 人民出版社, 1995.

[16] 马克思,恩格斯. 马克思恩格斯全集:第 2 卷 [M]. 北京:人民出版社,1957.

[17] 潘小娟等. 地方政府合作 [M]. 北京:人民出版社,2016.

[18] 塞缪尔·鲍尔斯,赫伯特·金迪斯. 合作的物种:人类的互惠性及其演化 [M]. 张弘,译. 杭州:浙江大学出版社,2015.

[19] 孙杰. 合作与不对称合作:理解国际经济与国际关系 [M]. 北京:中国社会科学出版社,2016.

[20] 涂志勇. 博弈论 [M]. 北京:北京大学出版社,2009.

[21] 汪伟全. 地方政府合作 [M]. 北京:中央编译出版社,2013.

[22] 汪伟全. 地方政府竞争秩序的治理:基于消极竞争行为的研究 [M]. 上海:上海人民出版社,2009.

[23] 汪伟全. 区域经济圈内地方利益冲突与协调——以长三角地区为例 [M]. 上海:上海人民出版社,2011.

[24] 王浦劬. 政治学基础 [M]. 3 版. 北京:北京大学出版社,2014.

[25] 文森特·奥斯特罗姆. 美国地方政府 [M]. 井敏,陈幽泓,译. 北京:北京大学出版社,2004.

[26] 谢炜. 中国公共政策执行过程中的利益博弈研究 [M]. 上海:学林出版社,2009.

[27] 杨宏山. 府际关系论 [M]. 北京:中国社会科学出版社,2005.

[28] 尹艳红. 地方政府间公共服务合作机制 [M]. 北京:国家行政学院出版社,2013.

[29] 约翰·罗尔斯. 政治自由主义 [M]. 南京:译林出版社,2000.

[30] 张紧跟. 当代中国地方政府间横向关系协调研究 [M]. 北京:中国社会科学出版社,2006.

[31] 张紧跟主编. 地方政府管理 [M]. 北京:北京大学出版社,2015.

[32] 周立群等. 京津冀都市圈的崛起与中国经济发展 [M]. 北京:经济科学出版社,2012.

[33] 周雪光. 组织社会学十讲 [M]. 北京:社会科学文献出版社,2003.

[34] 刘淑妍. 公众参与导向的城市治理:利益相关者分析视角 [M]. 上海:同济大学出版社,2010.

[35] 欧阳帆. 中国环境跨域治理研究 [M]. 北京:首都师范大学出版社,2014.

[36] 施从美,沈承诚. 区域生态治理中的府际关系研究 [M]. 广州:广东人

民出版社，2011.

[37] 王旭，罗思东. 美国新城市化时期的地方政府：统筹区域与地方自治的博弈［M］. 厦门：厦门大学出版社，2010.

[38] 张屹山等. 资源、权力与经济利益分配通论［M］. 北京：社会科学文献出版社，2013.

[39] 汪伟全. 利益共享：区域合作的永恒主题［C］//中国行政管理学会暨"政府管理创新"研讨会论文集. 北京：中国行政管理学会，2010.

[40] 张建英. 区域生态治理中地方政府经济职能转型研究［M］. 广州：广东人民出版社，2011.

期刊论文

[1] 蔡岚. 缓解地方政府合作困境的合作治理框架构想：以长株潭公交一体化为例［J］. 公共管理学报，2010，07（4）：31-38.

[2] 曾中秋. 经济人假设的理论发展及方法论评价［J］. 科学技术哲学研究，2004，21（4）：15-18.

[3] 陈敏昭，晋一. 论利益协调机制的重构［J］. 现代经济探讨，2007，（4）：15-19.

[4] 陈庆云，鄞益奋. 论公共管理研究中的利益分析［J］. 中国行政管理，2005，（5）：37-38.

[5] 陈瑞莲，张紧跟. 试论我国区域行政研究［J］. 广州大学学报（社会科学版），2002，1（4）.

[6] 陈瑞莲，杨爱平. 从区域公共管理到区域治理研究：历史的转型［J］. 南开学报（哲学社会科学版），2012，（2）：48-57.

[7] 陈瑞莲. 论区域公共管理研究的缘起与发展［J］. 政治学研究，2003，（4）：75-84.

[8] 崔浩. 建构流域跨界水环境污染协作治理机制［J］. 学理论，2017，（1）：1-3.

[9] 崔晶，孙伟. 区域大气污染协同治理视角下的府际事权划分问题研究［J］. 中国行政管理，2014，(9).

[10] 崔亚飞，刘小川. 中国地方政府间环境污染治理策略的博弈分析：基于政府社会福利目标的视角［J］. 理论与改革，2009，(6)：62-65.

[11] 党丽娟. 横向生态补偿多样化的补偿方式探析［J］. 环境保护与循环经济，2018，(10)：2-3.

［12］丁煌．我国现阶段政策执行阻滞及其防治对策的制度分析［J］．政治学研究，2002，(1)：28-29．

［13］高建华．论区域公共管理的研究缘起及治理特征［J］．前沿，2010，(19)：177-180．

［14］韩兆坤．协作性环境治理研究［D］．长春：吉林大学，2016．

［15］韩兆柱．责任政府与政府问责制［J］．中国行政管理，2007，(2)：18-21．

［16］何李．区划型行政壁垒：地方政府合作中亟待破除的空间障碍［J］．理论与现代化，2018，(4)：98-99．

［17］胡佳．跨域环境治理中的地方政府协作研究［D］．上海：复旦大学，2011．

［18］黄爱宝．论走向后工业社会的环境合作治理［J］．社会科学，2009，(3)：3-10．

［19］江艇，孙鲲鹏，聂辉华．城市级别、全要素生产率和资源错配［J］．管理世界，2018：38-50．

［20］蒋辉．跨域治理决策的动态演化路径与均衡策略研究：理论与现实层面的考察［J］．四川大学学报（哲学社会科学版），2012，(6)：151-152．

［21］金太军，唐玉青．区域生态府际合作治理困境及其消解［J］．南京师大学报（社会科学版），2011，(9)：17-18．

［22］金太军．从行政区行政到区域公共管理：政府治理形态嬗变的博弈分析［J］．中国社会科学，2007，(6)：53-65．

［23］康丽丽．对地方政府间横向关系协调机制的探析［J］．行政论坛，2007，(5)：28-30．

［24］李胜，陈晓春．基于府际博弈的跨域流域水污染治理困境分析［J］．中国人口·资源与环境，2011，21(12)：108-113．

［25］刘娟．区域生态府际合作治理的碎片化困境及其出路［J］．环境保护科学，2017，(3)：52-53．

［26］刘亚平，刘琳琳．中国区域政府合作的困境与展望［J］．学术研究，2010，(12)．

［27］刘亚平，颜昌武．区域公共事务的治理逻辑：以清水江治理为例［J］．中山大学学报（社会科学版），2006，(4)：94-95．

［28］刘洋，万玉秋．跨区域环境治理中地方政府间的博弈分析［J］．环境保护科学，2010，36(1)：34-36．

[29] 刘祖云．政府间关系：合作博弈与府际治理［J］．学海，2007，（1）：79-87．

[30] 马学广，王爱民，闫小培．从行政分权到跨域治理：我国地方政府治理方式变革研究［J］．地理与地理信息科学，2008，24（1）．

[31] 潘小娟，余锦海．地方政府合作的一个分析框架：基于永嘉与乐清的供水合作［J］．管理世界，2015，（7）：172-173．

[32] 庞珣．国际公共产品中集体行动困境的克服［J］．世界经济与政治，2012，（7）：24-42．

[33] 彭彦强．行政管辖权交易：地方政府合作的权力基础［J］．中共四川省委党校学报，2009，（4）：41-44．

[34] 彭彦强．论区域地方政府合作中的行政权横向协调［J］．政治学研究，2013，（4）：40-49．

[35] 齐亚伟．区域经济合作中的跨界环境污染治理分析：基于合作博弈模型［J］．管理现代化，2013，（8）：43-44．

[36] 冉冉．"压力型体制"下的政治激励与地方环境治理［J］．经济社会体制比较，2013，（3）：111-112．

[37] 任丙强．地方政府环境政策执行的激励机制研究：基于中央与地方关系的视角［J］．中国行政管理，2018，396（06）：131-137．

[38] 上官仕青．跨域环境治理中的地方政府合作［D］．青岛：中国海洋大学，2015．

[39] 沈晓悦，等．我国雾霾治理环保体制障碍与突破［J］．环境保护，2016，（4）：53-54．

[40] 汤学兵，孙祥辰，汤正如．新时代我国区域异质性与跨区域生态保护联动［J］．领导科学论坛，2018，（12）：31-32．

[41] 唐啸，周绍杰，刘源浩．加大行政奖惩力度是中国环境绩效改善的主要原因吗？［J］．中国人口·资源与环境，2017，（9）：83-92．

[42] 汪伟全．空气污染的跨域合作治理研究：以北京地区为例［J］．公共管理学报，2014，（1）：55-64．

[43] 汪伟全．论府际管理：兴起及其内容［J］．南京社会科学，2005，（9）：62-67．

[44] 汪伟全．地方政府竞争中的机会主义行为之研究：基于博弈分析的视角［J］．经济体制改革，2007，（3）：141-145．

[45] 汪伟全．空气污染跨域治理中的利益协调研究［J］．南京社会科学，

2016,（4）：79-80.

[46] 王佃利, 任宇波. 区域公共物品供给视角下的政府间合作机制探究 [J]. 中国浦东干部学院报, 2009,（7）：103-104.

[47] 王佃利, 王玉龙, 苟晓曼. 区域公共物品视角下的城市群合作治理机制研究 [J]. 中国行政管理, 2015,（9）：6-7.

[48] 魏后凯. 中国城市行政等级与规模增长 [J]. 城市与环境研究, 2014（1）：4-17.

[49] 魏娜, 孟庆国. 大气污染跨域协同治理的机制考察与制度逻辑：基于京津冀的协同实践 [J]. 中国软科学, 2018, 334（10）：81-82.

[50] 向延平, 陈友莲. 跨界环境污染区域共同治理框架研究——新区域主义的分析视角 [J]. 吉首大学学报（社会科学版）, 2016,（4）：95-96.

[51] 谢宝剑, 陈瑞莲. 国家治理视野下的大气污染区域联动防治体系研究：以京津冀为例 [J]. 中国行政管理, 2014,（9）：6-7.

[52] 谢庆奎. 中国政府的府际关系研究 [J]. 北京大学学报（哲学社会科学版）, 2000,（1）：26-34；

[53] 辛本禄. "经济人"概念的演进及其新探索——从"经济人"到"权力经济人" [J]. 学习与探索, 2013,（1）：97-98.

[54] 邢华, 邢普耀. 大气污染纵向嵌入式治理的政策工具选择：以京津冀大气污染综合治理攻坚行动为例 [J]. 中国特色社会主义研究, 2018, 141（03）：79-86.

[55] 杨爱平, 陈瑞莲. 从"行政区行政"到"区域公共管理"：政府治理形态嬗变的一种比较分析 [J]. 江西社会科学, 2004,（11）：23-31.

[56] 杨爱平, 杨和焰. 国家治理视野下省际流域生态补偿新思路：以皖、浙两省的新安江流域为例 [J]. 北京行政学院学报, 2015,（5）：9-10.

[57] 杨龙, 彭彦强. 理解中国地方政府合作：行政管辖权让渡的视角 [J]. 政治学研究, 2009,（4）：61-66.

[58] 杨龙. 地方政府合作的动力、过程与机制 [J]. 中国行政管理, 2008,（7）.

[59] 杨小云, 张浩. 省级政府间关系规范化研究 [J]. 政治学研究, 2005,（4）：50-57.

[60] 杨新春, 程静. 跨界环境污染治理中的地方政府合作分析：以太湖蓝藻危机为例 [J]. 改革与开放, 2007,（9）：16-17.

[61] 易志斌. 基于共容利益理论的流域水污染府际合作治理探讨 [J]. 环境

污染与防治，2010，32（9）：88-91.

［62］余敏江. 区域生态环境协同治理的逻辑：基于社群主义视角的分析［J］. 社会科学，2015，(1)：82-83.

［63］张紧跟，唐玉亮. 流域治理中的政府间环境协作机制研究：以小东江治理为例［J］. 公共管理学报，2007，4（3）：50-56.

［64］张劲松，任远增. 论区域生态治理中的集体行动［J］. 晋阳学刊，2013，（2）：108-109.

［65］张康之. 论合作［J］. 南京大学学报（哲学·人文科学·社会科学），2007，（5）：114-125.

［66］张珊. 同级地方政府间关系的博弈分析［J］. 山东理工大学学报（社会科学版），2005，21（6）：30-34.

［67］张文江. 府际关系的理顺与跨域治理的实现［J］. 云南社会科学，2011，（5）：10-11.

［68］张玉磊. 跨界危机治理中的府际合作研究［J］. 上海大学学报（社会科学版），2018，（2）：134-135.

［69］张玉堂. 近年来利益问题研究综述［J］. 哲学动态，1998，（04）：5-6.

［70］张跃胜. 地方政府跨界环境污染治理博弈分析［J］. 河北经贸大学学报，2016，（6）：96-97.

［71］周浩，吕丹. 跨界水环境治理的政府间协作机制研究［J］. 长春大学学报，2014，（3）：285-286.

［72］周黎安. 中国地方官员的晋升锦标赛模式研究［J］. 经济研究，2007，(7)：36-37.

［73］周倩倩. 雾霾跨域治理的行为博弈与多元协同机制研究［D］. 南京：南京信息工程大学，2016.

［74］朱旭峰，王笑歌. 论"环境治理公平"［J］. 中国行政管理，2007，（09）：107-111.

［75］竺乾威. 从新公共管理到整体性治理［J］. 中国行政管理，2008，（10）：52-59.

英文文献

著作

［1］Baker, S. and Eckerberg, K. In Pursuit of Sustainable Development: New Governance Practices at the Sub-national Level in Europe［M］. London:

Routledge, 2008.

[2] Bradley C. Karkkainen. Toward Ecologically Sustainable Democracy? [C] // Archon Fung, Erik Olin Wright. Deepening Democracy: Institutional Innovations in Empowered Participatory Governance. London: Verso Press, 2003.

[3] Perri. Towards Holistic Governance: The New Reform Agenda [M]. New York: Palgrave, 2002: 28-31.

[4] Scott, J. and Holder, J. Law and New Environmental Governance in the European Union [M] // in G. De Burca and J. Scott. Oxford: Hart Publishing, 2006.

[5] Walker D. B. The Rebirth of Federalism [M]. New York: Chathem Home publishes, 2000: 27-29.

[6] Jenkins B. Water Allocation in Canterbury [C] // New Zealand Planning Institute Conference 2007, 2007.

期刊论文

[1] Feiock R C. The Institutional Collective Action Framework [J]. Policy Studies Journal, 2013, 41 (3): 397-425.

[2] Gunningham N. The New Collaborative Environmental Governance [J]. Social Science Electronic Publishing, 2013.

[3] Holzinger, K., Knill, C. and Schafer, A. Rhetoric or Reality? The "New Governance" in EU Environmental Policy [J]. European Law Journal, 2006, 12 (3): 403-420.

[4] Katarina Eckerberg, Marko Joas. Multi-level Environmental Governance: a concept under stress? [J]. Local Environment, 2004, 9 (5): 405-412.

[5] Lou Wilson. Contested country: local and regional natural resources management in Australia [J]. Australian Planner, 2010, 47 (3): 223-224.

[6] Ling Tom. Delivering joined-up government in the UK: dimensions, issues and problems [J]. Public Administration, 2010, 80 (4): 615-642.

[7] Mateeva A, Hart D, Mackay S. Environmental Governance in a Multi-level Institutional Setting [J]. Energy & Environment, 2008, 19 (6): 779-786.

[8] Mc Callum, W., Hughey, K. and Rixecker, S. Community Environmental Management in New Zealand: Exploring the Realities in the Metaphor [J].

Society & Natural Resources, 2007, 20 (4): 323-336.

[9] Michael Lockwood, Julie Davidson, Allan Curtis, et al. Multi-level Environmental Governance: lessons from Australian natural resource management [J]. Australian Geographer, 2009, 40 (2): 169-186.

[10] Mitchell R. A & Wood D. Toward a Theory of Stakeholder Identification and Salience: Defining the Principle of Who and What Really Counts. Academy of Management Review [J]. Academy of Management Review, 1997, 22 (4): 853-886.

[11] Newig, J. and Fritsch, O. Environmental Governance: Participatory, Multi-level and Effective?[J] Environmental Policy and Governance, 2009, 19 (3): 197-214.

[12] Parkins J R. De-centering environmental governance: A short history and analysis of democratic processes in the forest sector of Alberta, Canada [J]. Policy Sciences, 2006, 39 (2): 183-203.

[13] Pfeffer J, Salancik G R. The External Control of Organizations: A Resource Dependence Perspective [J]. Social Science Electronic Publishing, 2003, 23 (2): 123-133.

[14] Richard C. Feiock. The institutional collective action framework [J]. The Policy Studies Journal. 2013, 41 (3): 397-398.

[15] Spence David B. The Shadow of the Rational Polluter: Rethinking the Role of Rational Actor Models in Environmental Law [J]. California Law Review, 2001, 89 (4): 917-918.

[16] Terhorst P J F, Christensen P S. Cities and complexity: making intergovernmental decisions [J]. Futures, 2001, 33 (10): 898-901.

[17] Tsang S, Burnett M, Hills P, et al. Trust, public participation and environmental governance in Hong Kong [J]. Environmental Policy & Governance, 2010, 19 (2): 99-114.

[18] Wallace E. Oates and Robert M. Schwab. Economic Competition among Jurisdictions: Efficiency Enhancing or Distortion Inducing? [J]. Journal of Public Economics, 1988, 35 (3): 333-354.

[19] Wiersema, A. A Train without Tracks: Rethinking the Place of Law and Goals in Environmental and Natural Resources Law [J]. Environmental Law, 2008, 38: 1239-1300.